基于群体智能优化算法的文本过滤关键技术研究

朱振方　刘培玉　尉永清　著

中国水利水电出版社

www.waterpub.com.cn

·北京·

内 容 提 要

计算机技术和互联网技术的迅速发展，使得网络上的网站、网页等各种信息以爆炸性的趋势增长，随之而来的还有大量的冗余信息和垃圾信息，并由此带来了信息泛滥、信息迷航以及信息疾病等一系列问题。这些冗余信息、垃圾信息不但影响着用户对Internet 的使用效率和质量，同样影响着网络的健康发展。因此，基于此而产生的网络信息过滤技术相关研究具有巨大的社会效益和经济效益。

网络信息过滤，就是根据用户的信息需求，利用一定的工具从大规模的动态信息流中自动筛选出满足用户需求的信息，同时屏蔽掉无用的信息的过程。广义的信息过滤包括对文本、音频、图像、视频等多种信息存在形式的过滤处理，狭义的信息过滤是特指对文本信息的过滤处理。本书相关研究就是针对文本信息过滤特别是中文文本信息过滤中存在的问题而提出的。

本书面向从事自然处理、网络信息、网络舆情分析等领域研究的高年级本科生、研究生和研究人员。

图书在版编目（ＣＩＰ）数据

基于群体智能优化算法的文本过滤关键技术研究 / 朱振方，刘培玉，尉永清著. -- 北京 ：中国水利水电出版社， 2019.11（2024.8重印）
ISBN 978-7-5170-8228-6

Ⅰ．①基… Ⅱ．①朱… ②刘… ③尉… Ⅲ．①计算机算法－最优化算法－研究 Ⅳ．①TP301.6

中国版本图书馆CIP数据核字(2019)第254494号

策划编辑：石永峰　责任编辑：张玉玲　加工编辑：武兴华　封面设计：李　佳

书　名	基于群体智能优化算法的文本过滤关键技术研究 JIYU QUNTI ZHINENG YOUHUA SUANFA DE WENBEN GUOLÜ GUANJIAN JISHU YANJIU	
作　者	朱振方　刘培玉　尉永清　著	
出版发行	中国水利水电出版社	
	（北京市海淀区玉渊潭南路 1 号 D 座　100038）	
	网址：www.waterpub.com.cn	
	E-mail: mchannel@263.net（万水）	
	sales@waterpub.com.cn	
	电话：(010) 68367658（营销中心）、82562819（万水）	
经　售	全国各地新华书店和相关出版物销售网点	
排　版	北京万水电子信息有限公司	
印　刷	三河市元兴印务有限公司	
规　格	170mm×240mm　16 开本　12.5 印张　203 千字	
版　次	2019 年 11 月第 1 版　2024 年 8 月第 3 次印刷	
定　价	58.00 元	

凡购买我社图书，如有缺页、倒页、脱页的，本社营销中心负责调换

前　　言

计算机技术和互联网技术的迅速发展，使得网络上的网站、网页等各种信息以爆炸性的趋势增长，随之而来的还有大量的冗余信息和垃圾信息，并由此带来了信息泛滥、信息迷航以及信息疾病等一系列问题。这些冗余信息、垃圾信息不但影响着用户对 Internet 的使用效率和质量，同样影响网络的健康发展。因此，基于此而产生的网络信息过滤技术相关研究具有巨大的社会效益和经济效益。网络信息过滤，就是根据用户的信息需求，利用一定的工具从大规模的动态信息流中自动筛选出满足用户需求的信息，同时屏蔽掉无用的信息的过程。广义的信息过滤包括对文本、音频、图像、视频等多种信息存在形式的过滤处理，狭义的信息过滤是特指对文本信息的过滤处理。本书相关研究就是针对文本信息过滤特别是中文文本信息过滤中存在的问题而提出的。

本书在介绍文本信息过滤涉及的关键技术的基础上，通过提出基于统计与规则的特征项联合权重文本权重计算方法、融合段落特性的文档权重计算方法、基于自适应惯性权重混沌粒子群的特征子集优化方法，优化用于过滤的特征集合；通过提出基于模糊遗传算法的文本信息过滤模板生成算法，生成文本信息过滤模板；通过一种基于概念的逻辑段落匹配方法，解决使用传统自然段落进行匹配造成的匹配率较低的问题；通过构建一种基于微粒群的协作过滤模板动态调整和基于反馈增量学习的过滤模板更新机制，提高模板的准确性；最后设计实现了一个文本信息过滤原型系统。

感谢课题组历届毕业生为本书撰写做出的贡献，2008 级硕士研究生杨玉珍为本书第三章撰写做了大量工作，2010 级硕士研究生周燕为本书第五章撰写做了大量工作，2007 级硕士研究生张立伟和 2009 级硕士研究生许明英为本书第九章撰写做了大量工作，山东管理学院王培培副教授为本书做了大量的校正工作，山东交通学院信息科学与电气工程学院卢强、国强强、武文擎、张殿元等硕士研究生为本书校正和文字修改做了大量工作，感谢课题组 2004 级到 2018 级历届硕士生为本书撰写做的大量基础性研究工作。

本书出版得到了国家社科基金年度项目（19BYY076）、教育部人文社会科学研究一般项目（14YJC860042）和山东省社会科学规划研究项目（19BJCJ51，18CXWJ01，18BJYJ04）的资助。

作者
2019 年 7 月

目　录

第一章　绪论

随着计算机技术和网络技术的迅速发展，计算机和网络走进千家万户，成为人们生产和生活中不可或缺的组成部分，在人们享受计算机和网络技术带给大家巨大便捷的同时，也给人们带来了很多负面影响。

第一节　研究背景及意义

一、中国互联网迅速发展

2018 年 7 月 12 日，2018（第十七届）中国互联网大会在北京国家会议中心落下帷幕。同时，中国互联网协会发布《中国互联网发展报告 2018》。数据显示[1]，2017 年网民数量接近 7.72 亿，第三方互联网支付达到 143 万亿元。电子商务和网络零售以及网络购物分别达到了 29.16 亿元、7.18 亿元和 5.33 亿元。网络游戏与网络广告达到了 2354.9 亿元和 3828.7 亿元。

截至 2017 年底，中国网页数目达到了 2604 亿个，年增长率 10.3%，其中静态网页数量为 1969 亿个，占网页总数的 75.6%；动态网页数量达 635 亿个，占网页总数量的 24.4%。中国域名总数达到了 3848 万个，同比减少 9%，但.CN 域名增长 1.2%，达到 2085 万个。与此同时，2017 年手机已成为最主要的移动上网设备，从 2016 年的 95.1% 提升至 97.5%；人均上网时长达到了 27 个小时；家庭成为主要的上网场所；网民主要以 10～39 岁群体为主，男女网民比例为 52.6:47.4。图 1-1 为连续五年（2013.6—2018.6）中国网民规模和互联网普及率发展状况图。

二、互联网迅速发展带来的负面影响

伴随着互联网业务的不断扩大和普及，在互联网上流传的网络信息也日益庞杂，并由此带来了信息泛滥、信息超载、信息浪费和信息疾病等一系列问题。

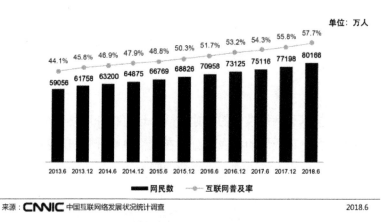

图 1-1 中国网民规模和互联网普及率

1. 信息泛滥

据预测，到 2020 年，全球数字信息总量将达到 35ZB。为形象地表达当前数据量之大，如果用 DVD 记录，一张张叠加起来的长度可以往返地球与月球之间。当前，全球数据存储量每年以 60%的速度递增。

网络信息的不断膨胀，导致信息泛滥和信息洪水现象不断涌现，威胁着信息安全，影响着人类应用计算机解决问题。据日本《信息流通调查报告》估计，人类标准供给信息量每 10 年约增加 4 倍，而个人消费量几乎没有大的变化。如此日积月累，过剩的信息必然堆积如山，最终会造成信息"雪崩"、信息洪水，危害社会和人类自身。

2. 垃圾信息

而与此同时，大量无用信息、虚假信息和违法信息，充斥了网民的眼球，污染了网络环境。中国互联网违法和不良信息举报中心数据显示[2]，2018 年 12 月，全国各级网络举报部门受理有效举报 860.4 万件，环比和同比分别增长 2.6%和 95.9%。其中，中央网信办（国家互联网信息办公室）违法和不良信息举报中心受理 11.1 万件，环比和同比分别增长 78.6%和 10.6%；各地网信办举报部门受理 164.1 万件，环比增长 16.1%，同比下降 10.6%；全国主要网站受理 685.2 万件，环比下降 0.9%，同比增长 1.8 倍。

垃圾信息不但影响用户对 Internet 的使用效率和质量，而且影响网络的健康发展。特别是，中国有数以亿计的大、中、小学生，他们在通过计算机网络获取信息、了解外面世界的同时却遭受着不良信息的侵蚀，这也是教育主管部门、学校和家长共同面临的问题。网络信息过滤的研究，正是基于以上问题的解决提出来的，具有巨大的社会效益和经济效益。

三、信息过滤研究的意义

面对庞大的信息源以及芜杂的网络信息，如何有效地对这些信息进行处理，实现对有用/有益信息的获取，并且自动屏蔽无用/有害信息至关重要，势必需要一款高效的过滤工具，给网络一方净土。

网络信息过滤[3,4]，就是根据用户的信息需求，利用一定的工具从大规模的动态信息流中自动筛选出满足用户需求的信息，同时屏蔽掉无用的信息的过程。广义的信息过滤包括对文本、音频、图像、视频等多种信息存在形式的过滤处理，狭义的信息过滤特指对文本信息的过滤处理。本书正是基于解决文本信息过滤中存在的问题而展开的。

英文信息过滤的研究开展较早，人们在用户模板、信息的比较和选择、自适应学习、共享评注和文档的可视化等方面都进行了一定的研究[5,6]，但仍有较大的提升空间。中文信息过滤的研究起步较晚，目前中文信息过滤和推送系统主要还是基于关键词规则的过滤，真正的文本过滤特别是自适应的过滤的研究很少。这一方面是限于中文文本的表示和处理的难度，另一方面也是因为缺少适当的有说服力的评测集和评测标准。

中文语言的特殊性和其特有的复杂性、灵活性，给中文信息过滤技术的研究工作带来了较大的困难。在借鉴国外信息过滤技术成果的基础上，对中文信息过滤技术进行深入的研究并开发出适合我国国情的中文信息过滤系统，成为我国信息化进程的一种迫切需要。

1. 理论意义

在理论意义方面，信息过滤技术是著名的国际文本检索会议 TREC 以及主题检测和跟踪会议的主要研究内容之一，对信息过滤技术的研究具有较高的学术价值。中文是我国信息的主要载体，面向中文信息的过滤技术的研究是中文信息处理的一个重要研究方向，对中文信息过滤技术的研究也对中文信息处理的研究有较大的促进作用。

2. 改善 Internet 信息查询技术的需要

随着用户对信息利用效率要求的提高，以搜索引擎为主的现有网络查询技术受到了挑战，网络用户的信息需求与现有的信息查询技术之间的矛盾日益尖锐，其矛盾主要有以下方面：

（1）在使用搜索引擎时，只要使用的关键词相同，所得到的结果就相同，它并不考虑用户的信息偏好和用户的不同，对专家和初学者一视同仁，同时返回的结果成千上万、良莠不齐，使得用户在寻找自己喜欢的信息时如大海捞针。

（2）网络信息是动态变化的，用户时常关心这种变化。而在搜索引擎中，用户只能不断地在网络上查询同样的内容，以获得变化的信息，这花费了用户大量的时间。

因此，在现有情况下，传统的信息查询技术已经难以满足用户的信息需求，对信息过滤技术的研究日益受到重视，把信息过滤技术用于 Internet 信息查询已成为一个重要的研究方向。

3. 个性化服务的基础

个性化的实质是针对性，即对不同的用户采取不同的服务策略，提供不同的服务内容。个性化服务将使用户以最小的代价获得最好的服务。在信息服务领域，就是实现"信息找人，按需要服务"的目标。既然是"信息找人"，那什么信息找什么人就是关键。每个用户都有自己特定的、长期起作用的信息需求。用这些信息需求组成过滤条件，对资源流进行过滤，就可以把资源流中符合需求的内容提取出来进行服务，这种做法就叫作"信息过滤"。信息过滤是个性化主动服务的基础。

4. 维护我国信息安全的迫切需要

网络为信息的传递带来了极大的方便，也为机密信息的流出和对我国政治、经济、文化等有害信息的流入带来了便利。发达国家通过网络进行政治渗透和价值观、生活方式的推介，一些不法分子利用计算机网络复制、传播和查阅一些色情的、种族主义的、暴力的、封建迷信或有明显意识形态倾向的信息。我国80%的网民在35岁以下，80%的网民具有大专以上文化学历，而这两个80%正是我们国家建设发展的主力军。因此，我国的信息安全问题的处理已迫在眉睫，必须引起我们的高度警惕和重视，而信息过滤是行之有效的防范手段。

5. 信息中介（信息服务供应商）开展网络增值服务的手段

信息中介行业的发展要经过建立最初的客户资料库、建立标准丰富档案内容和利用客户档案获取价值三个阶段。其中第一阶段和第三阶段的主要服务重点都涉及信息过滤服务。过滤服务过滤掉客户不想要的信息，信息中介将建立一个过滤器以检查流入的带有商业性的电子邮件，然后自动剔除与客户的需要和偏好不相符的不受欢迎的信息。客户可提前指定他们想经过过滤服务得到的信息或经过过滤服务排除出去的任何种类的经销商或产品。对于不受欢迎的垃圾信息，信息中介将会在客户得到之前把它们过滤掉。在网络环境下，尽量减少无效数据的传输对于节省网络资源、提高网络传输效率具有十分重要的意义。通过信息过滤，可减少不必要的信息传输，节省费用，提高经济效益。

综上所述，对中文信息过滤技术的研究无论是在学术理论上还是在具体应用方面都具有较高的价值。

第二节　文本信息过滤面临的问题

自从 1982 年 Denning 首次提出信息过滤（Information Filtering，IF）的概念[7,8]以来，信息过滤相关技术和产品从设想成为现实，并且不断地进步和完善。在此期间，国内外众多的研究机构和个人做了大量工作。

一、国外相关研究

1982 年，Denning 提出信息过滤的概念。在此后的 10 年间，关于信息过滤的应用研究逐渐开展起来，研究领域也从最初的电子邮件延伸到其他相关领域，出现了许多研究成果。1989 年，美国国防高级研究项目署（Defense Advanced Research Project Agency，DARPA）资助了第一届 Message Understanding Conference，极大地推动了信息过滤的发展。1992 年，NIST（美国国家标准和技术研究所）与 DARPA 联合赞助了每年 1 次的文本检索会议（Text Retrieval，TREC），对文本检索和文本过滤倾注了极大的热忱。

随着互联网的迅速发展、需求的不断增加，文本过滤以及相关技术方面取得了长足的进展，成为信息产业新的增长点，取得了很多研究成果。Nanas 等人通过类似于生物免疫系统的机能，构造具有动态性和自适应性的信息防御体系[9]；Yokoi 等人使用奇异值分解移除文档噪声，提高主题抽取的准确率，并利用独立成分分析方法分析文档的潜在语义来描述用户需求，提高了过滤准确率[10]。Nanas 等人使用滑动窗口捕获网络中的项之间的依赖性，在对文档进行评价时，使用激活扩散方法将项依赖性考虑在内，提高了过滤性能[9]；Zhou 等人提出了一种使用模式分类挖掘技术的新的信息过滤模型[11]。Acilar 等人提出了一种基于人工免疫网络的协作过滤算法，利用人工免疫网络降低数据稀疏性，并通过描述数据结构提供数据集的可扩展性[12]；Chen 等人提出了一种应用正交非负矩阵分解的协作过滤框架，通过矩阵分解减轻稀疏性问题，通过同时聚类用户评分矩阵的行和列来解决可扩展问题[13]。Damankesh 等人使用人类合情推理理论构建多语种过滤框架[14]；Liu 等人利用社交网络信息来加强推荐效果从而提高协作过滤的性能[15]。

二、国内研究进展

国内对于文本信息过滤特别是中文文本信息过滤的研究相对较晚，但是发展很快，特别是 1996 年以来，国内很多机构对信息过滤进行了大量研究。

国内的微软亚洲研究院、清华大学、复旦大学、中科院软件所、哈尔滨工业大学以及东北大学等机构相继开展了信息过滤技术，特别是面向中文的信息过滤技术的研究，其间积累了很多宝贵的经验，也取得了一些不错的成绩，这也为本书的研究提供了大量有益的借鉴。

近年来，仍有一些研究机构和个人为此做了大量工作。例如，曾春等人提出利用领域分类模型上的概率分布表达用户的兴趣模型，给出相似性计算和用户兴趣模型更新方法[16]；而洪宇等[17]提出了一种建立信息流二元近似关系模型，辅助信息过滤系统识别和屏蔽反馈中的噪声，在众多基于语义技术的信息过滤研究中，文献[18]提出了一种基于本体的信息检索技术，利用本体概念的语义描述能力实现信息准确检索；文献[19]则提出利用 OWL 描述信息语义，进而在语义网环境中实现信息过滤；文献[20]则给出了一种通过奇异值分解以及独立分量分析获取的潜在语义描述方法实现信息过滤，文献[21-23]则着重研究了协同过滤算法及其在推荐系统中的应用。

近年来，还有一些值得借鉴的研究成果。文献[24]针对社交网络 Facebook 上出现的不需要的消息以及令人反感的文字，提出了一个自动化的框架对网页上没意义的内容进行过滤。文献[25]则是对社交网络 Facebook 上出现的政治性的词汇进行分类识别。文献[26]针对非典型文本进行分类，改进后使得分类结果更加准确，在安全性和动态适应性方面也有着较好的表现。文献[27]针对垃圾邮件过滤采用了贝叶斯这类决策方法，在对文本特征选择时，对特征词的类别条件熵计算做出了改进。文献[28]提出了一种基于贝叶斯过滤和近似字符串匹配技术相混合的文本审查方法。文献[29]则是先利用 SVM 确定训练集的文本样本类别，最后利用了朴素贝叶斯算法对不良邮件进行分类，提高了过滤的正确性。文献[30]在网页内容的分类中结合话题以及情感分析，提出了一种在文本分类模型的开发中引入了语义的方法。文献[31]使用支持向量机对文本语义进行训练分类，但是不同的是使用了 N 元模型以及不同的加权方法来提取最重要的特征。文献[32]提出了一种混合过滤方法来对情感语义进行分类。文献[33]针对目前全球范围内社交平台上一些辱骂、种族歧视、冒犯、侮辱等非常消极的信息进行了分析，实现了对这些信息的情感分类。文献[34]为了构建更高效率的垃圾邮件过滤器，使用了 N元技术创建了特征集作为朴素贝叶斯分类器的训练集，并分析了使用不同范围的参数的分类效率，在此基础上，提出了基于语义情感分析的混合垃圾邮件过滤模型。文献[35]提出了一个由不同过滤器组成的卷积神经网络体系结构来解决情感分析问题，将不同的特征注入到具有不同卷积层的分类器中，得到初步结果后通过在不同句子中识别具体的N元并把它们共现到一个加权分类器中进行最终的权限调整。文献[36]将改进的朴素贝叶斯算法用于垃圾短信过滤中，该方案引入了同义词的概念，降低了同义特征词对分类带来的影响，最后采取了模式的概念替换相同同义词。文献[37]提出了一种多词贝叶斯分类算法，引入了特征权重的思想，考虑了文本之间的关系，完善了传统贝叶斯分类算法对语义的忽视。

但是，由于文本信息特别是中文信息特有的复杂性、多义性等特点，计算机无法自动对用户过滤请求以及中文文本信息进行处理，从中获取最为相符的结果。

三、相关研究存在的问题

在研究上述文献的同时，我们发现，在文本信息过滤领域，目前仍然存在以下几个问题需要解决。

（1）在基于内容的文本信息过滤中，首先需要针对规模巨大的训练文本进行特征抽取，并选择出更能代表类别特性的特征项集合。因此，如何更好地抽取代表类别特征的特征集合并计算这些特征的权重是一个亟待解决的问题。

基于内容的文本信息过滤通常将过滤训练文档集转换为空间向量的形式，供分类算法分析使用。但是，对训练文档集进行分词后通常产生大量的词汇，如果把所有词都用来表示类别，会增加文本过滤的运算时间和空间复杂度，且很多词对文本过滤的贡献小，甚至影响过滤效果。可见，如何合理地控制向量空间维数成为了影响过滤效果的重要因素之一。因此，寻找适用于文本信息过滤的权重计算方法是本书试图解决的第一个问题。

（2）在抽取的特征项集合的基础上，需要选择适当优化算法，对抽取的特征项集合进行优化，生成对某一类别进行过滤的模板。因此，选择一种好的优化方法使得生成的类别模板更能代表类别特征是非常重要的。

无论采用什么方法建立过滤模板，都只是过滤需求的一种近似表达。但是，针对某一专题的内容来讲，理论上都存在着一个真实的过滤模板，它能够准确地表达过滤需求。这个真实模板通过数学求解或实验方法是得不到的，只能通过对初始模板的调整使它不断逼近于真实模板。因此，如何选择一种较好的优化方法，使得生成的类别模板能够尽可能好地代表类别特征，并且能够在使用过程中不断改进，是本书试图解决的第二个问题。

（3）在待过滤文档同模板匹配过程中，由于待过滤文档长短不一，其中的特征数有很大不同，因此，需要寻找一种方法能够将待过滤文档进行整理和优化。

目前应用向量空间模型进行的匹配和分类中，往往都是整个待分类文档的匹配和分类，从而忽略了待分类文本中的段落特征。同时，目前针对段落的匹配机制也往往是针对传统的物理段落，即给不同的段落赋予不同的权值，从而使用这些段落进行匹配，这就带有一定的机械性。因为这些物理段落往往较短或者本身包含的信息过少，甚至有些段落包含对分类有副作用的信息。特别是在过滤网络文本时，获得的网络数据文档往往都是一些附加信息，如果使用这些段落实施匹配极其容易出现分类误差和匹配率较低的现象。因此，如何整理和优化待过滤文本、增大匹配率，是本书试图解决的第三个问题。

（4）由于过滤模板只能无限接近于真实模板，这就导致过滤结果存在偏差，需要采用某种方法对过滤结果进行反馈处理，并对过滤模板进行调整。因此，如何对过滤结果进行反馈处理是一个亟待解决的问题。

在目前实现的分类系统中，如果要获得更好的分类效果，必须使用大量的训练文本对系统进行训练。而训练文本从收集、筛选再到人工标注需要耗费大量的人力物力。待分类文档又叫未标记文档，因不需要标注和整理，在使用过程中就可以获得，所以代价要小得多。如果能有效利用待分类文档来调整我们的系统，将会事半功倍。因此，如何搜集反馈结果及其对应的被过滤文档并实现对过滤效果的改善是本书试图解决的第四个问题。

第三节　本书主要研究内容及贡献

本书撰写过程中，在山东师范大学刘培玉教授、山东警察学院尉永清教授指导下，由山东交通学院朱振方副教授具体负责，形成了一个稳定的研究团队（以下简称课题组），针对文本信息过滤特别是中文文本信息过滤关键技术进行了研究，取得了一些成果。

一、研究环境

课题组近年来对网络信息安全开展了大量的研究，研究领域涉及网络信息过滤、网络舆情分析、网络安全审计与电子取证、自然语言处理等领域，已经完成和在研多项课题，其中国家自然基金"基于用户交互特性的社会网络情感分析技术研究（61373148）""基于模糊遗传算法的网络信息特征分析与过滤算法研究（60873247）"，国家社科基金"基于模糊理论的网络舆情分析、评价与对策研究（12BXW040）"，教育部人文社科基金"基于内容和用户行为分析的网络舆情情感分析技术研究（14YJC860042）"，山东省自然科学基金"基于浅层语义的网络舆情信息分析关键技术研究（2012ZRB01195）""基于文本语义挖掘的可信舆情评价与发现关键技术研究（BS2013DX033）""基于语义神经网络的网络信息特征分析与过滤算法研究（Y2006G20）"，山东省科技发展计划"面向公共安全的网络舆情信息分析预警及信息源追踪系统研究（2013GGX10102）""模糊遗传算法及其在垃圾邮件过滤系统中的应用研究（2009GG10001009）""基于大数据分析的云取证系统研究与实现（2014GGX101004）"，以及山东省高新技术自主创新工程专项计划"基于模糊遗传算法的网络信息过滤系统研究与开发（2008ZZ28）"等，都与文本信息的特征表示、过滤算法、智能算法、垃圾邮件过滤等研究内容有关，这些研究为本书的撰写打下了良好的研究基础。

二、研究内容

本书针对文本信息过滤，特别是中文文本信息过滤中面临的问题，提出一组有效的解决办法，为实现过量信息及垃圾信息的有效过滤提供必要的方法和途径，同时也为文本分类、信息检索以及智能计算相关研究提供有益的借鉴。

本书在课题组已有的网络信息过滤研究框架下开展工作，图 1-2 中粗框标注部分为本书的研究重点，具体包括以下四方面的内容：

（1）特征权重计算方法研究和改进。

（2）文本过滤模板生成算法。

（3）待过滤文档调整和优化。

（4）反馈和模板更新。

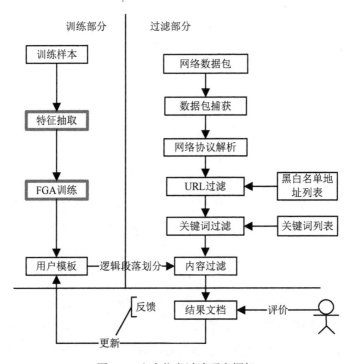

图 1-2　文本信息过滤研究框架

根据本书研究重点和上述框架，我们将图 1-2 进行简化。简化后的内容过滤工作基本上可概括为以下四步，如图 1-3 所示。

在图 1-3 中，将文本过滤简化为以下四个步骤：

一是提取训练文档集合的特征向量，用于表达待过滤文本的主题。

二是建立过滤模板，用于表达过滤需求。

三是过滤模板与待过滤文本的相似度计算。

四是获取反馈信息，改进过滤模板，也就是机器学习过程。

前三项工作基本上可以组成一个完整的过滤过程，最后一项工作完成对过滤性能的改进，可定期在后台进行。

从图 1-3 中也可以看出，本书研究思路实际上对应当前文本信息过滤中存在的主要问题。

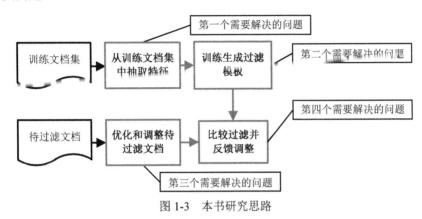

图 1-3　本书研究思路

三、本书贡献

本书的贡献主要包括以下四点：

（1）针对当前特征权重计算方法忽略文档特征、段落特征的缺陷，本书提出一种综合计算文档权重、段落权重、句子权重和特征项权重的权重计算方法，能够更加精确地计算特征项权重。针对特征权重计算与空间向量结合存在的不足，本书提出基于统计与规则的特征项联合权重计算方法，还引入自适应惯性权重混沌粒子群的特征子集优化方法。

（2）针对应用遗传算法解决中文文本信息过滤问题，本书建立了相应的问题模型，并在理论上证明其可行性。同时，还根据在实际应用中存在的问题，引入了自适应策略解决应用过程中存在的问题。

（3）从更加广泛的词义出发，建立一种以特征词概念为中心的逻辑段落结构，在此基础上实现了基于段落的匹配机制，体现段落个性化特点，提高分类效果。

（4）针对内容过滤存在的问题，将协作过滤思想引入其中，提出一种结合两种过滤技术的混合方法。该方法应用遗传优化生成服务器端初始模板，应用粒子群优化用户返回信息实现模板更新，同时提出了基于反馈增量学习的过滤模板更新机制。

四、本书组织结构

本书的组织结构如图 1-4 所示。

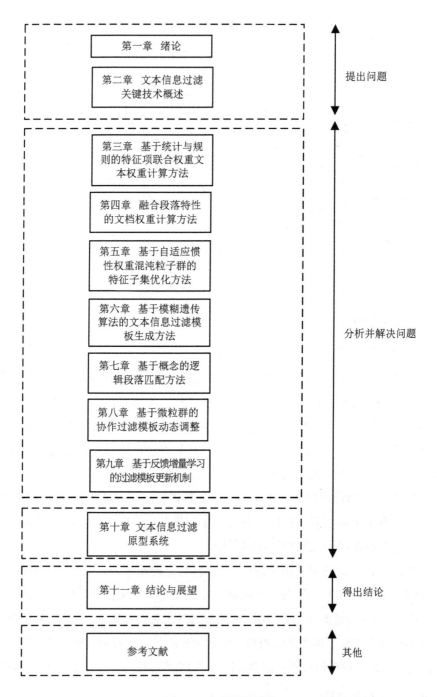

图 1-4　本书组织结构

通过图 1-4 的组织结构图可以看出本书主要分为提出问题（绪论和第一章）、分析并解决问题（第三章至第九章）、得出结论（第十一章）、其他（参考文献）四个部分。具体结构安排如下：

第一章绪论，首先阐述了课题的研究背景及意义，然后分析了文本信息过滤目前面临的问题，最后介绍了本书的研究内容、主要贡献和组织结构；第二章介绍了文本信息过滤涉及的关键技术，第三章至第五章提出基于统计与规则的特征项联合权重文本权重计算方法、融合段落特性的文档权重计算方法、基于自适应惯性权重混沌粒子群的特征子集优化方法，优化用于过滤的特征集合；第六章提出了基于模糊遗传算法的文本信息过滤模板生成方法；第七章给出了一种基于浅层语义的逻辑段落匹配方法；第八章和第九章构建了一种基于微粒群的反馈和模板更新策略以及基于反馈增量学习的过滤模板更新机制；第十章设计实现了一个文本信息过滤原型系统；第十一章对本书的研究工作进行了总结和展望，给出了进一步的研究思路；参考文献部分列出了本书参考的主要论文和资料。

第二章 文本信息过滤关键技术概述

第一节 文本信息过滤的基本模型

随着网络文本信息过滤技术的不断发展，一些信息过滤系统相继产生，这些过滤系统虽各有特点，但都有共同的基本模块。图 2-1 为文本信息过滤的基本模型。

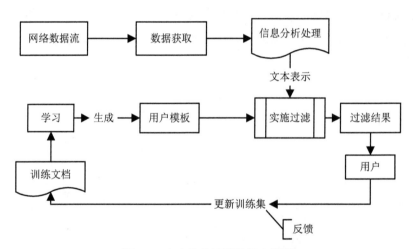

图 2-1 文本信息过滤的基本模型

模型主要涉及以下几个模块：

（1）数据获取。该模块主要通过数据包捕获技术及协议解析技术抓取出网络数据流中的文本信息。

（2）信息分析处理。该模块需对文本信息进行切词、特征选择、权值计算，并将信息表示成计算机能够识别的形式。

（3）用户模板生成。该模块通过对训练文档集进行特征选择，并采用合适的学习算法进行学习，最终生成反映用户需求的模板文件。

（4）过滤实施。该模块将分析处理后的网络文本信息与生成的过滤模板进行比较，使用合适的分类算法将网络信息分到相应类别，以确定是否过滤该信息。

（5）反馈。由于用户需求是动态变化的，因此反馈模块的功能就是不断从用户处获得反馈信息，根据用户需求的变化和用户对过滤过程的评价结果不断对过滤模板进行修正和更新。

从文本信息过滤基本模型各模块的介绍中，可以看出整个过程所需使用的关键技术，本书的研究也是基于以上各关键技术展开的。

第二节　网络数据的获取

一、数据包捕获技术

对于基于内容的网络文本信息过滤，只有先从网络信息流中捕获数据包，才能提取出其中的文本信息，从而进一步对其进行分析处理，因此，数据包捕获是关键的第一步。本书主要探讨基于 Windows 平台的数据包捕获技术[34]，有以下三种主要方法。

1. Windows Socket 2 SPI 技术

Winsock 2 是 Windows Socket 的 2.0 版本，Winsock 2 SPI（Service Provider Interface，服务提供者接口）建立在 WOSA（Windows Open System Architecture，Windows 开放系统架构）之上，是 Winsock 系统组件提供的面向系统底层的编程接口。Winsock 系统组件向上面向用户应用程序提供一个标准的 API 接口；向下在 Winsock 组件和 Winsock 服务提供者之间提供一个标准的 SPI 接口。各种服务提供者是 Windows 支持的 DLL，挂靠在 Winsock 2 的 Ws2_32.dll 模块下。Winsock 2 API 中定义了许多可供用户应用程序使用的内部函数，而 SPI 则提供了与这些内部函数相对应的运作方式，即通常一个用户应用程序在调用 Winsock 2 API 内部函数时，Ws2_32.dll 会调用相应的 Winsock 2 SPI 函数，以执行所请求的服务。

Winsock 2 的传输服务以动态链接库.dll 的形式存在，编程和调试较为方便；它是跨 Windows 平台的，可直接应用在 Windows 98/ME/NT/2000/XP 上；应用程序可根据需要很方便地进行安装和卸载；另外，由于工作在应用层，该技术的效率很高，CPU 占有率较低。由于以上优势，在数据包捕获中的 Windows Socket 2 SPI

技术已得到广泛应用。

2. NDIS 中间层驱动

NDIS（Network Driver Interface Specification，网络驱动程序接口规范）中间层驱动位于小端口 Miniport 驱动和协议层 Protocol 驱动之间，对于上面的协议层，NDIS 中间层驱动表现为一个虚拟的小端口网卡结构，对于下面的网卡，它则表现为一个协议层结构。无论是上层要被网卡发送的数据包还是网卡要接收并上传的数据包，都需要经过中间层，因此 NDIS 中间层驱动可捕获所有的数据包。但与其他技术比较，NDIS 中间层驱动技术编程接口复杂、可移植性较低，并且需进行数据包纠错，不易于在文本过滤系统中实现。

3. NDIS Hook Driver

NDIS Hook Driver 技术是通过编写驱动程序以修改系统目录下 NDIS.SYS 的 Export Table 来实现的。由于在 Windows 平台下，可执行文件（包括 DLL、SYS）是遵从 PE（Portable Executable）格式的，因此需要对 PE 文件格式有深入的了解。NDIS Hook Driver 技术的原理较为复杂，并且由于 Windows 系统提供了系统文件保护机制，要修改 NDIS.SYS 前需要先修改注册表以屏蔽系统文件保护机制，不易于实现。

综合考虑以上三种数据包捕获技术的特点，本书采用 Windows Socket 2 SPI 技术进行数据包捕获，并参考文献[38]的部分代码完成数据包捕获模块的编写。

二、协议解析技术

捕获到数据包之后，需要进一步对其进行协议解析。由于 Windows Socket 2 SPI 工作在应用层底层，因此可以捕获基于 FTP、TELNET、SMTP、POP3、HTTP 等协议的数据包，另外也可以通过一定的配置，捕获诸如聊天软件等基于 Winsock 的网络通信软件产生的数据包。

协议解析的基本过程是：首先判断数据包的协议类型，然后根据不同协议类型的具体格式对相应的数据包进行解析处理，最后获取其中的信息。

第三节　文本切词技术

经数据包捕获、协议解析后得到的文本信息，并不能直接被计算机识别，仍需经过一系列的分析处理，而文本切词技术是中文信息处理的基础环节。文本切词技术的产生是由中文文法的特殊性决定的，首先，与英文等拉丁语系的语言相比，英文以空格作为天然分隔符，而中文却没有；其次，中文中的词比单字的表意能力更强。文本切词的任务就是把篇章或句子切分成词的形式，为后续的特征选择、权重计算等打下基础。目前常用的文本切词方法主要有以下三种：基于字符串匹配的切词方法、基于理解的切词方法、基于统计的切词方法。

一、基于字符串匹配的切词方法

该方法又叫机械切词法，它是依照一定的策略将待分析的字符串与一个"充分大"的词典中的词条进行匹配，若在其中找到某个字符串，则匹配成功。依照对词典的扫描方向的不同，基于字符串匹配的切词方法可分为正向匹配和逆向匹配；依照不同长度优先匹配的方式，该方法可分为最大匹配和最小匹配；依照是否与词性标注相结合，该方法又可分为单纯分词方法和分词与标注相结合的一体化方法。常用的字符串匹配方法有[39]：正向最大匹配法（从左到右的方向）、逆向最大匹配法（从右到左的方向）、最少切分法（使每一句中切出的词数最小）和双向最大匹配法（进行从左到右和从右到左两次扫描）。

基于词典的字符串匹配的切词方法易于实现，但由于其依赖于词典的完备性，并且无法识别新词，所以适应性较差，因此该方法没有被广泛应用。

二、基于理解的切词方法

该方法是通过让计算机来模拟人对句子的理解过程，从而对词语进行识别。其主要思想是，在进行切词的同时进行语法、句法分析，利用语法和句法信息来消除歧义。基于理解的切词方法需要使用大量的语言知识和信息，但由于汉语知识的笼统性和复杂性，将语言信息组织成计算机可直接读取的形式存在很大难度，因此基于理解的切词方法仍处于发展阶段。

三、基于统计的切词方法

基于统计的切词方法即无词典的切词方法，其基本原理是根据字符串在语料中出现的频率来判断是否构成词，相邻的字同时出现的次数越多，越有可能构成词。字与字相邻共现的概率或频率反映了它们构成词的可信度。该方法对统计语言模型和决策树算法存在依赖，虽然可以很大程度地检测和矫正歧义，但是需要大规模标注语料的支持，在搜索空间增大的情况下，切词速度会极大地降低。

目前被最广泛应用的切词系统是中科院计算所研发的汉语词法分析系统 ICTCLAS[40]，其切词的准确率达 97.58%，召回率也在 90%以上。由于人力和物力有限，本书未对文本切词技术作深入研究，因此本书的切词模块直接采用了 ICTCLAS 的 C#版本的开源代码。

第四节　特征选择算法

经过切词之后的文档中包含了大量的词汇，如果把这些词都作为特征项，会给计算带来非常大的压力，另外，这些词实际上有很大一部分是与类别无关的，对分类的作用不大，甚至存在较大的副作用。因此，我们要降低向量的维数，选出具有代表性的词语，即特征选择。特征选择的一般过程如图 2-2 所示，首先要从原始的特征集中产生一个特征子集，然后需使用评价函数来评价该特征子集，将评价结果与预先设定的停止准则（通常是与评价函数相关的一个阈值）进行对比，若满足停止准则即停止，否则将产生新的特征子集，继续特征选择的过程。通常还需对选出的最优特征子集验证其有效性。

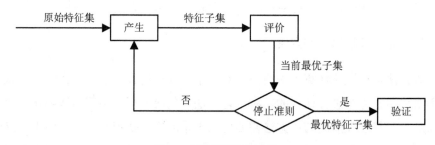

图 2-2　特征选择的过程

目前常用的特征选择方法[41]有以下几种：文档频率（Document Frequency，DF）、信息增益（Information Gain，IG）、互信息（Mutual Information，MI）、χ^2 统计量 CHI（χ^2 Statistic）等。

一、文档频率

文档频率是一种最简单的特征选择方法。它是指在训练文档中出现某一特征词的文档数。通过计算特征词的文档频率，剔除文档频率小于某一阈值的特征词，从而达到降维的目的。文档频率评价函数基于的理论假设是 DF 值小的特征词对分类结果的影响也小。用 DF 来进行特征选择，倾向于剔除低频词，保留高频词。然而在信息检索的相关研究中，认为低频词较高频词具有更多的信息量，显然该理论假设与之相悖。在实际应用中，通常不直接使用文档频率来进行特征选择，而是将其作为评估其他评价函数的标准。

二、信息增益

信息增益是一种在机器学习领域被广泛应用的特征选择方法。它是通过计算特征词能带来多少与分类相关的信息，从而衡量特征词对于文本分类的重要程度。其计算公式如下：

$$IG(t) = -\sum_{i=1}^{m} P(c_i) \log P(c_i) + P(t) \sum_{i=1}^{m} P(c_i \mid t) \log P(c_i \mid t)$$
$$+ P(\bar{t}) \sum_{i=1}^{m} P(c_i \mid \bar{t}) \log P(c_i \mid \bar{t}) \tag{2-1}$$

式中，t 代表某一特征词，c 代表文档类别，m 代表类别数目，$\bar{t}$ 代表特征词 t 不出现，$P(c_i)$ 代表 c_i 类文档在语料中出现的概率，$P(t)$ 代表在语料中包含特征词 t 的文档的概率，$P(\bar{t})$ 表示在语料中不包含特征词 t 的文档的概率，$P(c_i \mid t)$ 代表特征词 t 包含在文档中时文档属于 c_i 类的条件概率，$P(c_i \mid \bar{t})$ 表示特征词 t 不包含在文档中时文档属于 c_i 的条件概率。

三、互信息

互信息衡量的是某一特征词与特定类别的相关程度，特征词对于某一类别的互信息越大，则该特征词与类别的相关程度越大。假设有 N 个类别的文档集合 $c_1, c_2, \cdots, c_N$，则特征词 t 对于类别 c_i 的互信息为 $MI(t, c_i)$，其计算公式如下：

$$MI(t, c_i) = \log \frac{P(t \mid c_i)}{P(t)} \tag{2-2}$$

式中，$P(t \mid c_i)$ 表示特征词 t 包含在类别 c_i 中的概率，$P(t)$ 表示特征词 t 在所有文档中出现的概率。

对于多类别问题，互信息有加权平均和取最大值两种计算方式，计算公式如下：

$$MI_{avg}(t) = \sum_{i}^{n} P(c_i) MI(t, c_i) \tag{2-3}$$

$$MI_{max}(t) = \max_{i}^{n} MI(t, c_i) \tag{2-4}$$

四、χ^2 统计量

χ^2 统计量与互信息类似，也是衡量特征词与文档类别的相关程度，但由于其同时考虑了特征词出现和不出现的情况，因此比互信息更强。χ^2 统计值越大，代表特征词与文档类别越相关。χ^2 统计量方法认为，特征词 t 与文档类别 c 之间的关系与具有一阶自由度的 χ^2 分布相类似。它基于这样一个假设：在类别 c_i 的文档中出现频率高的特征词与在其余类别的文档中出现频率高的特征词，对判断文档是否属于 c_i 类都有帮助。χ^2 统计计算公式如下：

$$\chi^2(t, c) = \frac{N(AD - CB)^2}{(A + C)(B + D)(A + B)(C + D)} \tag{2-5}$$

式中，A 代表类别 c 中包含特征词 t 的文档数量，B 代表除类别 c 以外的其余类别中包含特征词 t 的文档数量，C 代表类别 c 中不包含特征词 t 的文档数量，D 是除类别 c 以外的其余类别中不包含特征词 t 的文档数量，N 是文档总数，$N = A + B + C + D$。当特征词 t 与类别 c 相互独立时，$\chi^2(t, c) = 0$。

对于多类别问题，χ^2 统计量也有加权平均和取最大值两种计算方式，计算公式如下：

$$\chi^2_{avg}(t) = \sum_{i}^{n} P(c_i) \chi^2(t, c_i) \tag{2-6}$$

$$\chi^2_{max}(t) = \max_{i}^{n} \chi^2(t, c_i) \tag{2-7}$$

直观地看，$\chi^2(t, c)$ 越大，说明特征项 t 与类别 c 的相关性越强；反之，特征项 t 与类别 c 的相关性则越弱。对于多个类别，要计算特征项 t 对于整个语料库的 χ^2 值，需分别计算特征项对每个类别的 χ^2 值，然后取平均即可。计算公式如下：

$$\chi^2_{max}(t) = \max_{i=1}^{m}(t, c_i) \tag{2-8}$$

χ^2 统计量虽同时考虑了特征词出现和不出现的情况，可以一定程度上提高分类效果，但它在区分低频特征词时表现不理想。

第五节 权值计算方法

特征选择之后，为衡量抽取出的各特征词对文本的重要程度，需要计算各特征词的权重。特征词的权值，在很大程度上会影响分类算法的性能。较经典的权值计算方法有反比文档频数、信噪比及 TF-IDF 函数等。其中，TF-IDF 函数以其计算简单、分类准确率和召回率较高等优势，近年来得到了广泛应用。其计算公式如下：

$$W_{ik} = tf_{ik} \times idf_k \qquad (2\text{-}9)$$

式中，tf_{ik} 代表特征词 t_k 在文档 d_i 中出现的频率，idf_k 代表特征词 t_k 的逆文档频率，其表达式为 $idf_k = \log(N / n_k + L)$，$N$ 代表文档总数，n_k 代表包含特征词 t_k 的文档数，L 的取值可通过实验设定。

考虑到文本长度对权重计算的影响，实际应用中通常采用式（2-9）的归一化形式进行计算：

$$W_{ik} = \frac{tf_{ik} \times \log(N / n_k + L)}{\sqrt{\sum_{k=1}^{n} (tf_{ik})^2 \times \log^2(N / n_k + L)}} \qquad (2\text{-}10)$$

第六节 文本表示模型

在信息过滤中，经特征选择和权值计算后的文本信息仍不能被计算机直接识别，因此必须将其表示成计算机能理解的模型才能被进一步处理。目前常用的文本表示模型有布尔逻辑模型、向量空间模型、概率模型、潜在语义索引模型等。

向量空间模型（Vector Space Model，VSM）概念简单、高效实用，是目前文本表示模型中被广泛应用的主流模型。本书的文本表示部分也采用该模型。向量空间模型最初由 G. Salton 等人提出，并于著名的 SMART 文本检索系统中成功应用[42]。在该模型中，待过滤文本和用户需求模板被表示成向量的形式，向量的每一维即为一个特征词，每个特征词对文本的贡献程度用权值来表示，然后利用夹角余弦计算文本向量之间的相似度。向量空间模型的具体定义如下：

对于一个给定的文档集 $D = \{d_i\}$，$|D|=N$，N 为 D 中的文档总数，特征词集合 $T = \{t_k\}$，$|T|=M$，M 为 T 中的特征词总数。特征词 t_k 在文档 d_i 中的权值表示为：

$$W_{ik} = tf_{ik}/df_k, 1 \leq i \leq N, 1 \leq k \leq M \qquad (2\text{-}11)$$

式中，tf_{ik} 代表特征词 t_k 在文档 d_i 中出现的频率，df_k 代表特征词 t_k 的文档频率。

假设存在两篇文档 d_i、d_j，以 $t_1, t_2, ..., t_M$ 作为坐标轴，建立空间向量模型，可将它们表示为 $d_i = (W_{i1}, W_{i2}, ..., W_{iM})$ 和 $d_j = (W_{j1}, W_{j2}, ..., W_{jM})$ 的形式，则它们之间的相似度可表示为：

$$Sim(d_i, d_j) = \cos\theta = \frac{(d_i, d_j)}{|d_i||d_j|} = \frac{\sum_{k=1}^{M} W_{ik}W_{jk}}{\sqrt{\left(\sum_{k=1}^{M} W_{ik}\right)^2 \left(\sum_{k=1}^{M} W_{jk}\right)^2}} \qquad (2\text{-}12)$$

式中，θ 是 d_i、d_j 之间的夹角。夹角余弦值越大，表示两篇文档的相似度越大，反之则越小。

第七节　文本分类算法

信息过滤从本质上来说是一个分类问题，文本内容在经过以上介绍的分析处理步骤后，即可通过分类器给文本分配一个合适的类别，从而完成对用户反感信息或不良信息的滤除。目前较为流行的文本分类算法有朴素贝叶斯（Naïve Bayesian，NB）、K-近邻（K-Nearest Neighbor，KNN）、中心向量法（Rocchio）、支持向量机算法（Support Vector Machines，SVM）[43]等。

一、朴素贝叶斯算法

朴素贝叶斯分类以其易于实现、效率高等优点，目前得到了广泛的应用。它是建立在各特征词在文档中出现的概率是相对独立的这一假设基础上的。假设存在文档 d_i，它属于文档类别 c_j 的概率可用下式表示：

$$P(c_j \mid d_i) = \frac{P(c_j)P(d_i \mid c_j)}{P(d_i)} \qquad (2\text{-}13)$$

由于朴素贝叶斯分类中假设某一特征词对给定文档类别的影响与其他特征词是相互独立的，因此上式可进一步表示为：

$$P(c_j \mid d_i) = \frac{P(c_j)\prod\limits_{k=1}^{M}P(W_{ik} \mid c_j)}{P(d_i)} \tag{2-14}$$

$P(c_j)$ 是类别 c_j 的条件概率，用属于类别 c_j 的文档数与训练文档总数的比值来表示。而对于同一篇文档，$P(d_i)$ 是相同的，因此 $P(c_j \mid d_i)$ 取决于 $P(d_i \mid c_j)$。朴素贝叶斯分类的判别准则是将文档 d_i 分到使 $P(c_j \mid d_i)$ 取到最大的类别中，即求解 $\arg \max P(c_j \mid d_i)$。

二、KNN 算法

KNN 算法是一种简单有效的分类算法。使用 KNN 算法进行文本分类的过程可描述为：对于给定文档 d_i，计算它与训练集中每个文档向量的相似度，并找出相似度最大的前 K 个文档。在此基础上，计算每个文档类别的权重，该权重为选出的 K 个文档中属于该类的文档与文档 d_i 的相似度之和，即若在 K 个文档中有多篇文档属于同一类别，则该类别的权重为这些文档与文档 d_i 的相似度之和。最后将 K 个文档所属类别的权重计算完成后，还需按照权重大小进行排序，将文档 d_i 分到权重最大的类别中去。

由于 KNN 算法中需计算文档 d_i 与每篇训练文档的相似度，因此该算法的计算复杂度较大，不适于应用在训练文本数目众多且对分类速度要求较高的文本信息过滤系统中。

三、Rocchio 分类算法

Rocchio 分类算法的基本思想是通过计算算术平均数，为训练文档的每个类别产生一个中心向量，然后计算待分类文档与各类别中心向量的相似度，并根据相似度大小进行排序，最后将待分类文档分到相似度最大的那个类别中去。相似度计算采用余弦相似度计算方法，其公式如下：

$$Sim(d_i, c_j) = \frac{\sum\limits_{k=1}^{M}W_{ik}W_{jk}}{\sqrt{\left(\sum\limits_{k=1}^{M}W_{ik}^{2}\right)\left(\sum\limits_{k=1}^{M}W_{jk}^{2}\right)}} \tag{2-15}$$

式中，d_i 代表待分类文档向量，c_j 代表类别 j 的中心向量。

Rocchio 分类算法计算简便，在已有的测试结果中，该算法分类效果仅次于

SVM 算法和 KNN 算法。

四、支持向量机算法

支持向量机是基于结构风险最小化原理的一种较实用的统计学习方法，适用于针对大样本集合的分类，尤其是文本分类，它将降维和分类相结合。支持向量机实质上是一个两类分类器，其基本思想是在训练样本空间中构建最优超平面，并使超平面与两类训练样本之间的距离最大，从而达到最好的分类效果。在图 2-3 中，黑圈和白圈是两种不同类别的训练文档，H 代表能将两个类别正确分开的分类线，H1 和 H2 分别为通过两个类别中离分类线最近的点且与 H 平行的线，则 H1、H2 间的距离为两类别文档的分类间隔，此时最优分类线即为使两类间分类间隔最大，并且能正确将他们分类的直线。在高维空间中，最优分类线就成为最优分类面[44]。将输入空间利用非线性变换转化到高维空间，并找出最优分类面是支持向量机算法解决的主要问题。

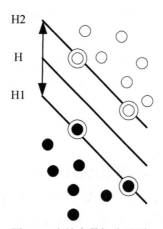

图 2-3　支持向量机分界面

第八节　小结

本章介绍了网络文本信息过滤的基本模型，并探讨了过滤过程中涉及的网络数据获取、文本切词、特征选择、权值计算、文本表示以及文本分类等关键技术中目前常用的各种算法。

第三章　基于统计与规则的特征项联合权重文本权重计算方法

第一节　已有权重评估函数总结

VSM中特征项权重的计算方法除了可以利用第二章第五节所介绍特征选择评估函数来计算外，其自身也有较为经典的权重计算方法，如反比文档频数权重、信噪比、TF-IDF等。

一、反比文档频数权重

反比文档频数权重又称为反文档频率，它认为文档中的特征项的重要性与它在该文档中出现的频率为正比例关系，而与整个文档集中出现的总频数为反比例关系。因此，反文档频数函数可定义如下：

$$\log \frac{n}{DOCFREQ_k} + 1 = \log n - \log(DOCFREQ_k) + 1 \qquad (3\text{-}1)$$

式中，n 为文档集中的文档总数，$DOCFREQ_k$ 为文档频数。

根据式（3-1）可把反比文档频数权重评价函数定义为式（3-2）。

$$WEIGHT_{ik} = FREQ_{ik}[\log n - \log(DOCFREQ_k) + 1] \qquad (3\text{-}2)$$

从式（3-2）不难看出，这种权重计算方法实际上对只出现在一部分文档中的项赋以较高的权重，而认为整个文档集中出现频数较高的项多为噪声。

二、信噪比

反比文档频数是从统计论的角度来对特征项进行评价。随着香农理论的提出，越来越多的学者开始从信息论的角度去研究特征项的权重。信噪比便是从信息论的角度来对特征项的重要性进行评价。它认为，一个特征项出现的频次越高，则它所包含的信息量就越小。一个项对文档内容的贡献度越大，就越能确定文档的内容，从而减少文档的不确定性，因此，常常利用信噪比这种项的信息量来度量文档的非确定性。信噪比权重公式定义为式（3-3）。

$$W_{ik} = FREQ_{ik} \times SIGNAL_k \qquad (3-3)$$

式中，$FREQ_{ik}$ 表示文档内频数；$SIGNAL_k = \log(TOTFREQ_k) - NOISE_k$，表示项 T_k 的信号，它反映了特征噪声的强弱。

特征噪声定义如式（3-4）所示：

$$NOISE_k = \sum_{i=1}^{n} \frac{FREQ_{ik}}{TOTFREQ_k} \log \frac{FREQ_k}{TOTFREQ_{ik}} \qquad (3-4)$$

通过观察式（3-4），可知噪声的值与特征对文档的贡献度恰成反比。

三、TF-IDF

近年来应用最多、效果最好且最为简单的权重评价函数当属 TF-IDF，其定义如式（3-5）所示：

$$W_{ik} = tf_{ik} \times idf_k \qquad (3-5)$$

式中，tf_{ik} 表示项 T_k 在文档 D_i 中的文档内频数；$idf_k = \log(N/n_k)$，表示项 T_k 的反文档频率；n 表示项 T_k 的文档频率。

由于式（3-5）倾向于选择内容比较长的文档，因此，通常标准的 TF-IDF 公式是对式（3-5）归一化的公式，如式（3-6）：

$$W_{ik} = \frac{tf_{ik} \times \log(N/n_k)}{\sqrt{\sum_{k=1}^{n} (tf_{ik})^2 \times [\log(N/n_k)]^2}} \qquad (3-6)$$

四、权重计算与特征选择的对比

由于特征选择函数也多用于计算特征的权重，本书作者在查看了大量的论文后发现不少人把特征选择与权重评价混为一谈，为了避免课题组后继人员发生此类错误，本书分别从项的描述性与函数的功能上进行了如下界定。

1. 项的描述不同

特征选择函数主要利用所获得权重值来描述该特征项在文档集中的重要程度；而权重评价函数是利用其各种加权等信息，把特征项映射到 VSM 中，并尽可能增加其夹角，从而使其有着很好的区分性。由此可见，权重评价函数是获得项 VSM 坐标的一种途径。

2. 函数的功能不同

由特征选择函数描述作用可知，特征选择函数的主要作用是进行特征选择，因此，它的值是特征项的重要程度的代表，特征选择算法正是根据这个值与一个特定条件下阈值进行比较，从而去掉部分低于这个阈值的特征项。由此可见，特征选择函数进行特征选择的过程是屏蔽掉一些信息的过程。而权重评价函数不是项的重要程度的代表，每个项的重要程度是由特征选择函数的结果所决定的；它仅仅是通过各种特征加权对特征项 VSM 中坐标的一种描述，所以它不会屏蔽任何特征项。

第二节　改进信息增益算法

本书于第二章第四节已对特征选择算法进行了总结，通过总结发现当前应用最多的特征选择函数仍是信息增益算法，因此，本书对信息增益算法的适应性进行深入分析，并改进了其不足，最后通过实验证明了本方法的可行性。这一改进的算法也被成功运用到课题组信息过滤系统中并取得了良好效果。

一、信息增益算法分析

信息增益公式中的第二项反映的是包含特征项 t 的文档关于其类别的信息熵 $E(t)$，它刻画了特征项的纯度。它可单独表示为式（3-7）：

$$E(t) = -P(t)\sum_{i=1}^{m}P(c_i \mid t)\log_2{}^{P(c_i \mid t)} \qquad (3-7)$$

假设 $C(D,t)$ 表示包含特征项 t 的文档总数，$C(c_i,t)$ 表示类别 c_i 中包含特征项 t 的文本总数。又有：

$$P(c_i \mid t) = \frac{C(c_i \mid t)}{C(D,t)} \qquad (3-8)$$

当且仅当 $C(c_i,t) = C(D,t)$ 时，$P(c_i \mid t)$ 取最大值为 1。此时，所有训练样例全部包含特征项 t，且所有训练样例为同一个类别 c_i，而此时式（3-8）取得最小值为 0，表明项 t 对分类的贡献最大。

公式的第三项反映的是不包含特征项 t 的文档关于其类别的信息熵 $E(\bar{t})$，具体表示如式（3-9）所示：

$$E(\overline{t}) = -P(\overline{t}) \sum_{i=1}^{m} P(c_i|\overline{t}) \log_2^{P(c_i|\overline{t})} \tag{3-9}$$

同样假设 $C(D,\overline{t})$ 表示不包含特征项 t 的文档总数，$C(c_i,\overline{t})$ 表示类别 c_i 中不包含特征项 t 的文本总数。又有

$$P(c_i|t) = \frac{C(c_i|\overline{t})}{C(D,\overline{t})} \tag{3-10}$$

同理当 $C(c_i,\overline{t}) = C(D,\overline{t})$ 时，$E(\overline{t})$ 取最小值为 0，此时仅存在一个类别 c_i，其训练样例均不包含 t，而其他类别中的训练样例均包含 t，$E(\overline{t})$ 其值越小说明类别越确定。

通过分析可见，信息增益算法充分考虑到特征项 t 与类别 c_i 之间的正相关与反相关性。因此它是目前性能较好的一种特征选择算法，但是在真实的大规模领域语料处理中，信息增益算法却存在着精确度下降的现象，为此我们对性能下降原因进行如下分析。

二、导致信息增益算法精确度下降的原因

通过对式（3-9）与式（3-10）的分析可知，$E(t)$、$E(\overline{t})$ 越小，则 $G(D,t)$ 取值越大，此时 t 对类别的贡献度越大，应该被选取。但是当 $E(t) \ll E(\overline{t})$ 时，$E(t)$ 的值便可忽略不计，此时整个 $G(D,t)$ 的值便取决于 $E(\overline{t})$。即当 $P(c_i|t) \gg P(c_i|t)$ 时，信息增益算法便倾向于选择在一个类别中出现次数不多而在其他类别中经常出现的特征，而不倾向于选取在一个类别中出现较多而在其他类别中较少出现的特征，显然这一结果与特征选择的目的相悖。文献[45]的实验中也指出了一点，它认为利用原始的 TF-IDF 算法的分类精度为 73%，而采用信息增益进行特征选择后分类精度提高到 87%，但在处理类分布和项分布高度不平衡的数据集时，信息增益的分类精度却下降到 75%。

这里通过一个简单的例子来说明上述问题。假设有三个类别，第一、第二个类别各 20 篇文档，第三个类别 17 篇文档。表 3-1 描述了特征项在每个类别中的频率、包含该特征项的文档数及信息增益值。

从表 3-1 可以看出，特征项 t_1 在 c_1 类 1 篇文档中出现 1 次，在 c_2 类 4 篇文档中出现 12 次，在 c_3 类文档中出现 0 次，经过计算，得到其 IG 值，而这个 IG 值

非常大，进行特征选择时应被选择出来，但是 t_1 仅在 c_2 中的 4 篇文档中出现，且频率较高，因此可以认为，它存在着类内和类间分布不平衡。

表 3-1　不平衡语料中 IG 的变化

特征项	c_1 中词频	c_1 中的文档数	c_2 中词频	c_2 中文档数	c_3 类中词频	c_3 中文档数	t 的总词频	t 出现的文档总数	信息增益
t_1	1	1	12	4	0	0	12	5	0.199079
t_2	11	4	4	4	1	1	16	9	0.013898
t_3	24	7	120	15	1	1	145	23	0.161363

从表 3-1 中可以看出 IG 算法精度下降多出现于特征项的类分布和项分布高度不平衡的情况。换句话说，由于特征项的类分布和项分布的不平衡性导致信息增益倾向于选择特征项不出现的干扰，而不是传统上认为的信息增益的不足在于考虑了特征项不出现的情况。于是本书引入特征项分布信息来改进信息增益的计算方法。这里特征项的分布信息我们称之为项的类内离散度和类间离散度。

三、特征项的类间离散度

依据统计学知识，均值就是简单的平均偏移量，而方差衡量的是单独的偏移量偏离均值的距离，均值和方差可以特性化语料库中项与文档之间的距离分布。式（3-11）可以用来估计方差：

$$S^2 = \frac{\sum_{i=1}^{n}(d_i - \overline{d})^2}{n-1} \qquad (3-11)$$

式中，n 是语料中类别的总数，$\overline{d}$ 为特征项 t 的类别平均值，d_i 为特征项 t 的总频率。

这里我们可以用特征项的词频信息 tf_i 来代替式（3-11）中的 d_i，利用平均词频信息 $\overline{tf_i}$ 来表示。因此，特征项的类间离散度 $DIac$（Distribution Information Among a Class）便可表示为式（3-12）：

$$DIac = \frac{\sqrt{[\sum_{i}^{n}(tf_i(t) - \overline{tf(t)})^2]\Big/n-1}}{tf(t)} \qquad (3-12)$$

我们利用 $DIac = S$ 表示项 t 在各类别之间的分布，可见当项 t 仅在一个类别的所有文本中均出现时，$DIac$ 取得最大值，而此时 $E(t)$、$E(\overline{t})$ 的值均为 0，$IG(D,t)$ 取最大值，此时 t 的区分度最强；当 t 在每个类别中的 tf 均相同时，$DIac$ 取得最小值，此时 t 的区分度最弱。

四、特征项的类内离散度

同理，我们可以利用方差来描述特征项 t 的类内分布信息，简称类内离散度 $DIic$（Distribution Information Inside a Class）。其计算公式如下：

$$DIic = \frac{\sqrt{[\sum_{j}^{m}(tf_j(t) - \overline{tf'(t)})^2]}\Big/ m-1}{tf'(t)} \qquad (3\text{-}13)$$

式中，$tf_j(t)$ 表示 t 在第 j 篇中出现的频度，n 为类内总文档数。$\overline{tf'(t)}$ 为项 t 在各篇文档中出现频度的平均值，$tf'(t)$ 表示项 t 各篇文档中的总频度。由公式（3-13）可知，当 $DIic$ 在本类别中所有文档中均出现时，$DIic$ 取得最小值，此时特征项 t 的区分能力最强，可见 $DIic$ 值的大小与分类能力成反比[46]。

五、应用特征项分布信息的信息增益计算方法

由上述分析可知特征项类内离散度 $DIic$ 的值的大小恰恰揭示了特征项是否处于平衡的状态。$DIic$ 值越大越说明特征项在本类中分布愈不均匀，当 t 仅在一个类别的一篇文档中出现时，$DIic$ 取得最大值 1，此时 t 在本类中的分布是高度不平衡的；同时特征项的类间离散度 $DIac$ 揭示了特征项的类分布信息，特征项的类分布越不平衡，类间离散度的值越小。如果特征项分布存在着高度的类不平衡和项不平衡，即特征项 t 仅在某一类别中的几篇文档中高度出现（这时 t 关于其类别的信息增益仍是一个较大的值，这样的特征项是要被选择的，不是所期望的结果），此时 $DIic$ 往往是一个较大的值，同时 $DIac$ 值较小。于是本书便利用 $DIic > DIac$ 作为判断条件，有条件地给信息增益公式第三部分添加一个惩罚项 $DIac$，以平衡特征不出现情况的负面影响，从而降低选择在一个类别中出现次数不多而在其他类别中出现次数较多的特征概率。增加惩罚因子的信息增益（Gain Distribution Information，GDI）公式如下：

$$GDI(D,t) = -\sum_{i=1}^{m} P(c_i) \log P(c_i) + P(t) \sum_{i=1}^{m} P(c_i \mid t) \log P(c_i \mid t)$$

$$+ P(\overline{t}) \sum_{i=1}^{m} P(c_i \mid \overline{t}) \log P(c_i \mid \overline{t}) \times DIac$$

（3-14）

六、改进的信息增益算法（IG-GDI）

由于式（3-14）是对特征不平衡情形下特征项不出现情形的一种惩罚，然而却不适宜特征分布较为平衡的情形，因此，考虑利用 $DIic$ 与 $DIac$ 作为判断条件把传统的 IG 与 GDI 相结合，形成新的特征选择算法 IG-GDI，从而保留了传统的信息增益的优点并克服其缺陷。算法流程如下：

输入：所有特征的数目

输出：选择的特征子集

用 DF 删除部分低频单词

计算所有特征项 $DIic$

计算 $DIac$

If（$DIic > DIac$）

执行公式 GDI

Else

执行 IG

如果 IG 或 GDI 值较大

把 t 加入集合 F 中

七、实验结果分析

已有许多统计分类和机器学习技术应用于文本分类中，我们选择的是朴素贝叶斯方法，选择朴素贝叶斯方法是因为它是最有效的启发学习算法之一，分类效果较好。

1. 语料集的选取与形成

为了验证改进算法的有效性，尽可能地消除语料选取不当所带来的干扰。本实验搜集了复旦大学的训练语料库与测试语料库、中科院计算所谭松波博士的论文以及互联网上若干语料。

对于中文文本分类语料库 TanCorpV1.0，我们只使用了交通这一个类别；体育、艺术、计算机、环境、经济五个类来源于复旦大学计算机与技术系国际数据库中心李荣陆提供的训练语料；实验用到军事、暴力、色情三个类别均来源于互联网。为了得到特征项不平衡语料，实验首先从上述语料的每个类别中各选取 200篇文档作为训练集，然后采用传统的信息增益算法计算特征的信息量，利用遗传算法优化权重后进行封闭测试，挑选出每个类别的误分类文档加入训练集。再为每个类别从上述语料中各选取 200 篇作为训练语料再次训练，挑选出误分类的文档加入训练集，如此循环直至得出每个类别的训练集各 200 篇文档为止。实验采取的是封闭测试方式，分别选取各类别训练集中的 100 篇文档作为封闭测试的测试集。

2．评估指标

（1）单类赋值。文本分类中通常使用查全率（recall）、查准率（precision）作为评估指标。对于单类别赋值，使用列联表计算，见表 3-2。

表 3-2　二值分类列联表

判断	真正属该类文档数	真正不属该类文档数
判断为属该类的文档数	a	b
判断为不属该类的文档数	c	d

recall 和 *precision* 分别定义为：

$$recall = a/(a+c);\ precision = a/(a+b) \qquad (3\text{-}15)$$

（2）特征个数对分类影响的整体考查。对类系统来说，r 和 p 相互影响，为了更全面地反映分类系统的性能，通常使用将查全率和查准率结合的性能评价方法——F1 测量法。

3．实验结果及分析

实验预处理采用河北理工大学经管学院吕震宇根据 Free 版汉语词法分析系统 ICTCLAS 改编.net 平台下的 SharpICTCLAS 代替原实验过程中使用 KaiToo 搜索开发的基于字典的简单中英文分词算法 KTDictSeg，并向词库中添加 1100 个词后对文档进行分词，去掉数字与标点符号。在此实验中，我们采用改进的 IG 算法对训练文集中的特征项进行权重计算，并在此基础上执行遗传算法训练模板，从而得出代表问题空间的最优特征子集。

图 3-1 表示了信息增益（IG）、期望交叉熵（ECE）、卡方统计（CHI）及改进的信息增益（GDI）采用中心法分类器在不平衡语料上的封闭测试效果。从图 3-1 中可以看出对特征项分布不平衡的语料 GDI 分类效果最好，CHI 除个别类比 GDI 差外，整体效果与 GDI 大致相同；IG 效果最差，ECE 次之，这是因为 ECE 直接去掉了特征不出现的干扰，但整体效果并不算太好。通过对比 GDI 与 IG 的实验结果，可以看出由于 GDI 平衡了未出现特征项的影响，因此分类效果明显比 IG 好许多。通过对比 GDI 与 ECE 也可以看出，由于 ECE 直接去掉了未出现特征的干扰，效果反而不太理想，这是因为直接去掉未出现项的干扰易带来过拟合现象。

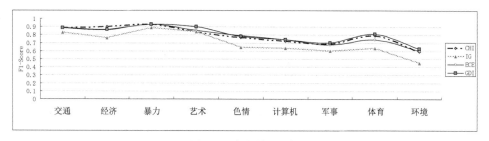

图 3-1　分类效果比较

上述实验结果对于环境和军事两个类别，四种算法分类效果都不理想，原因是多方面的，其一是实验采用的切词系统为 ICTCLAS 的 Free 版，而 Free 版的 ICTCLAS 词库仅仅是一个月的语料训练结果，虽然往词库里添加 1000 多个词，但仍缺乏很多词，包括"断绝关系""心怀不满"等词。其二是所选语料还存在一定的问题，首先是语料长短不一，内容格式均不规范，对算法带来很大干扰，以后打算利用内容长短相当的语料做训练集再次实验。

图 3-2 描述了 CHI、IG、GDI 三类评价函数在不平衡语料上的整体分类效果。通过比较发现，当特征数目较少时，三种算法的分类效果相差无几并且分类精度都较低，随着特征数目的不断增加，分类精度逐渐提高；当特征项数目达到 800 时，分类精度趋于稳定。总体看来 GDI 算法略优于其他两种算法。但在实验过程中还发现类特征向量的维数相差很大，当文档类别数目又较多时，以上三种算法的分类精度均会急剧下降。这是因为在使用 VSM 中多采用词描述项，以 $tf-idf$ 计算权重，而且中文切词系统尚不完善，最终导致特征项对文档描述不明显。另外如特征项分布、位置等信息对特征项的权重的影响基于频次的权重计算方法却未

加考虑，最终导致分类精度的下降。

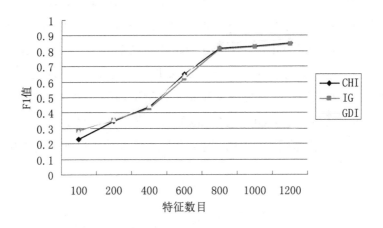

图 3-2　整体分类效果比较

第三节　VSM 中特征项粒度选取存在的不足

通过大量对比实验表明：即使在同样的实验环境下，英文信息处理的精确度总比中文信息处理的精确度高出很多，分析原因发现：中英文文本处理最大的区别在于中文是以字作为最小的书写单位，而以词作为最小的语义单元，并且词与词之间无明显分隔，相互粘连。因此，中文文本处理需要经过切词这一特殊处理。然而，目前词法系统尚不完善，并且由于当前的词法系统没有针对某一应用领域进行单独开发，是一种大众的通用的词法系统，而词法系统既要增强其适用范围，又必须保证其切分、标注的正确性。因此，在切分的过程中对切分结果过于细化，致使部分词语缺失语义描述性，并且增加了无意义高频词的频率，如例 3.1 所示。

例 3.1　原句：文本过滤过程实质上是一个文本分类过程。

切分结果：文本/n 过滤/v 过程/n 实质/n 上/f 是/vshi 一个/mq 文本/n 分类/vi 过程/n 。/wj

首先对例 3.1 构造句法树，以识别其语义描述性，如图 3-3 所示。

依照图 3-3 所示的句法树，计算机很容易能够依据句法规则识别例 3.1 所示的语义描述性，如图 3-3 中虚线部分所示。然而，例 3.1 经过切分之后，即使在理想状态下也只能构成如图 3-4 所示的句法树。

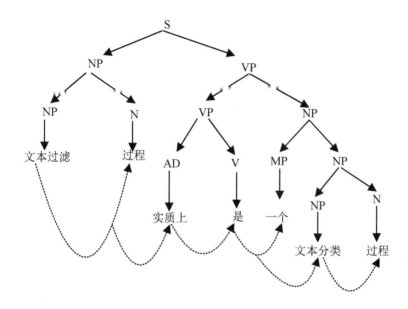

图 3-3　原始句法树

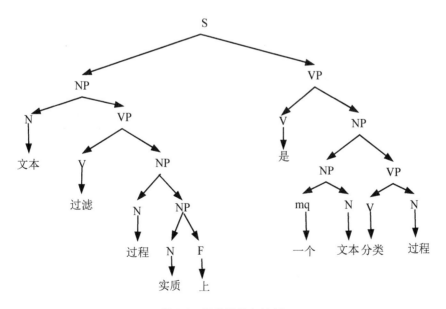

图 3-4　切分后的句法树

图 3-4 是依据切分结果形成的一种理想状态下的句法树，但是容易看出如"文本过滤""文本分类"这样的名词却被割裂为一个名词和一个动词；更加让人难以接受的是如"实质上"这样的副词却被切分为一个名词"实质"和一个方位词"上"，不仅丧失了其语义描述性，而且对以后的分类及句法分析造成不必要的干扰。这是因为，在文本分类过程中，总是要经过去除停用词与特征选择这一步骤，而"实质"作为一个实词往往被保留，而"上"这样一个方位词多是被过滤掉的，这样"实质"便成为一个文本分类的噪声。

从图 3-4 还可以看出，经过切分之后，一句话中除了原来的谓语动词外，又多出了不少动词，这便很难识别真正的谓语动词。这些多出的动词便成为生成句法树的干扰，这也是为什么说图 3-4 其实是一种理想状态下的句法树。

通过上述分析可见，仅仅利用词法系统的结果是难以满足需求的，因此，有必要对切分结果进行二次加工，使之更加合理化。

因此，本书从中文句法分析的角度入手，引入了中文组块分析这一关键技术，提取出基本短语，并以此作为特征项，从而代替 BOW 中的词，这种方式不仅能够弥补词法系统的不足，而且增强了特征项的语义描述性。

第四节　VSM 固有缺陷分析

目前，向量空间模型（Vector Space Model，VSM）仍是文本表示的主要方法。由第二章第六节可知，VSM 词袋模型（Bag of Word，BOW）表示文本，并将每个文本看作 Euclid 空间中的一个向量，每个语义单元对应于空间中的一维，每个语义单元被赋予一个权重，以表示其在文本中的重要程度，从而把对文档内容的处理简化为向量空间中的向量运算，大大降低了问题的复杂性。

但是，BOW 多选取以词[47]、n-gram 作为项特征的粒度描述，并且各特征项之间语义无关，换句话说，各特征之间相互独立，由此便会导致大量文本结构信息的丢失，甚至带来分类歧义，如图 3-5 所示。

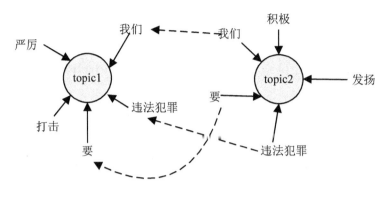

图 3-5　分类歧义的产

图 3-5 描述了两个相关主题"我们要严厉打击违法犯罪"与"我们要积极发扬违法犯罪",由于向量空间模型中各特征项存在无序性,因此,这两类主题意义完全相反的文档很容易被划分到同一类别。并且由于各特征项之间的相互独立性,很容易造成搭配歧义。图 3-6 描述了分类中歧义噪声产生的过程。

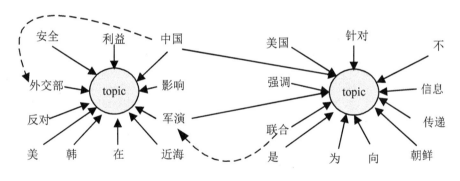

图 3-6　歧义噪声产生的过程

对于"中国外交部反对美韩在近海军演影响中国利益"与"美国强调联合军演是为向朝鲜传递信息不针对中国"这样两个相近话题。当把两个话题作为训练样本表示为 VSM 后,由于 VSM 中各特征项之间相互独立,换句话说,各特征项之间可以任意发生联系,相互搭配,那么容易产生如图 3-6 中虚线部分所示的特征项交叉搭配而形成的歧义噪声,因而则会衍生出像"中国外交部强调联合军演为向朝鲜传递信息不针对中国"这样的搭配歧义话题。

尽管 VSM 能够简化文本匹配,但是,如果要提高分类的精确度,势必要对 VSM 中各项之间的关系进行重组,而不是简单地套用 VSM 模型。针对 VSM 中特征项之间的组织的方式也将于本章第六节详细介绍。

第五节　当前权重计算方法的缺陷

对于项的权重的计算方法于第二章第五节已做了详细的总结，在第二章第四节中也已经提到权重的作用就是把文本中的特征项映射到向量空间模型中，并尽可能地区分 VSM 各个特征项，也就是说尽可能增加特征项的夹角。换句话说，特征项的夹角越大，则文本匹配的精确度就越高，如图 3-7（a）、图 3-7（b）所示。

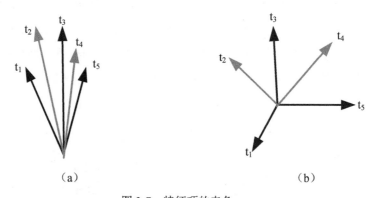

(a) (b)

图 3-7　特征项的夹角

图 3-7（a）与 3-7（b）展示了五个特征项的向量空间模型，对比两图易见图 3-7（a）各特征项的夹角较小，即各特征项相对集中，那么这几个特征项的区分度将不如图 3-7（b）各特征项的区分度。具体证明如下：

向量空间模型中文本相似度夹角如式（3-16）所示。

$$sim(D_1, D_2) = \cos\theta = \frac{\sum_{k=1}^{n} W_{1k} \times W_{2k}}{\sqrt{\left(\sum_{k=1}^{n} W_{1k}^2\right)\left(\sum_{k=1}^{n} W_{2k}^2\right)}} \qquad (3-16)$$

式（3-16）的分子为两文本各特征在欧几里得空间的内积，而分母为两文本各自的长度，显然，分子小于分母，且分子的增速远不及分母迅速。因此，如果增加 W_{1k} 与 W_{2k}，并且由于余弦夹角是一个减函数，那么式（3-16）将会取一个较小的值，也就是说增加 W_{1k} 与 W_{2k} 将会使特征项的夹角增大，那么文本匹配的精确度将会提高，原题得证。

上述分析及证明正是仅考虑特征项频次的权重计算方法所存在的问题。而实质上特征项的分布、词语的位置以及词语的角色等信息却对特征项权重的计算起着举足轻重的作用。例如"人们在追一只咬了人的狗"，这个句子突出的是"人们""追""狗"这样一个事件，那么这些词的权重应该增加，而不能仅靠频次对它们等同视之。

同时，词语所处的位置也间接描述了词语对文档的贡献度。据美国 P. E. Baxendale 的调查结果显示：段落的论题是段落首句的概率为 85%，是段落末句的概率为 7%。中文文本亦是如此。因此，有必要提高处于特殊位置的特征词的权重。

第六节　基于规则的文本表示

本章第三节详细分析了 VSM 中特征项粒度选取的缺陷，并提出引入中文组块分析的方式提取出基本短语，从而取代向量空间模型中的项，以达到提高特征项语义描述性的目的。本节将详细说明这一方法。

一、中文组块分析

英文组块分析由 Abney[48]于 1991 年定义为：从句范围内的一个非递归的核心成分。目前常用的组块分析方法有基于规则的组块分析法与基于统计的组块分析法。基于规则的组块分析法是把句法分析的过程看成层次结构模型，每层使用有限状态自动机进行分析。这种分析方法是一种较为有效的句法分析法，但是必须确定每一步的状态，并需要根据这个状态制定相应的转移规则。

基于统计的组块分析是在统计技术的基础上，利用马尔科夫标注器的输出作为其输入，并在词之间加上左右标记，从而把块的识别问题转化为标注问题。

宇航等[45]对中文组块分析进行深入研究，提出了一种利用词与词之间的间隔进行标注的方法，从而把中文组块分析转化为一种标注问题，如例 3.2 所示。

例 3.2　人们在追一只咬了人的狗。

利用语言分析中常用的直接成分分析法，可以得到这样的结果。

[[人们][在追][一只[[咬了人的]狗]]。]

如果将例 3.2 中的句法层次描述进行简化，只保留标识各个词在不同成分中的句法位置信息，也就是说，它是处于某个句法成分的左边界"["，还是右边界"]"，还是中间位置，就形成例 3.3 所示的结果。

例 3.3　[人们][在追][一只咬了人的狗]。

通过给句子成分加入左右标记把组块识别问题转化为标记问题。

二、短语的选取粒度

汉语中短语可分为名词、动词、形容词、副词、介词等短语，其中名词短语含有较多的语义特征；动词短语表明动作，带有一定的情感倾向；形容词短语代表所修饰词的情感色彩。因此，在短语识别的过程中，我们重点识别的是名词、动词、形容词短语。

短语按其长度又可分为两词短语、三词短语、多词短语。理论上，短语长度越长，其语义描述性便越强，越能代表文本特征，但是过长的短语容易带来数据稀疏的问题，并且造成匹配困难。因此，我们便选取两字词或三字词的基本短语来表示文本。所谓基本短语，是指具有独立语义单元的最小单位，如例 3.4，"现代化建设"是一个基本短语，而"长远发展的战略高度"便不是一个基本短语。

例 3.4　我国/n 把/pba 环境/n 保护/vn 工作/n 摆/v 在/p 了/ule 现代化/vn 建设/vn 长远/a 发展/vn 的/ude1 战略/n 高度/n1

通过例 3.4，还可以发现名词短语、形容词短语多是相邻两个词或多个词的组合。因此，可以通过制定相应的规则判断相邻词项，从而识别出名词、动词及形容词性的基本短语。

但是中文名词短语却与英文有着明显不同之处，那就是中文基本短语中存在着一种不完全并列现象，如例 3.5 所示。

例 3.5　我国/n 的/ude1 环境/n 与/cc 资源/n 保护/v 工作/vn 进入/v 了/ule 一个/mq 新/a 的/ude1 发展/vn 时期/n 。/wj

例 3.5 中有一个连接词"与"，因此，除了包含"资源保护工作"这样一个基本短语外，还暗含了一个"环境保护工作"这样一个基本短语。除此之外，中文还存在多个动词并列的现象，因此制定规则时把动词单独归为一类，称为基本动词短语。无论是基本名词短语，还是动词短语，我们统称为基本短语。

三、基本短语的识别

基本短语的识别是一个输入分词标注过的文本、输出识别出的短语文本的过程。输入的特征由两部分组成，一部分是条件，另一部分是规则，即满足条件后执行的动作。因此，我们通过制定基本短语识别条件模板与规则合并模板，最后利用最大信息熵识别最佳基本短语。

考虑到中文是一种意合语言，语序对中文语义有着较大的影响，而且汉语行文多采用从左至右的方式，并且中心词大多位于后一词，因此短语识别过程中采用从后往前的方式，即倒排方式。这里本书选用栈作为存储数据的结构。

由于语句中的词与上下文相关，因此需要考虑当前词、前后词、词性及词音节数等信息，如对于"一个文本分类的过程"这一短语的识别过程（图3-8）。

例3.6 原句：文本过滤的过程实质上是一个文本分类的过程。

切分结果: 文本/n 过滤/v 的/ude1 过程/n 实质/n 上/f 是/vshi 一个/mq 文本/n 分类/vi 的/ude1 过程/n 。/wj

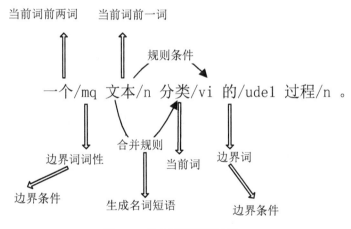

图3-8 基本短语识别过程

因此，根据影响短语构成的因素，借鉴了文献[49-51]组块分析及短语生成的思想，定义特征空间为：

（1）词性信息。当前词及前后各两个词的词性。

（2）词。当前词前后对当前词构造短语造成影响的一些具有特定用法的词语。如"的""了"等一些虚词。

（3）标注类别。标注当前词应归属的类别，我们定义为名词短语类与动词短语类两个类别。

（4）音节数。考虑当前词及前后各一个词的音节数。为了避免数据稀疏性，短语合并时多是两个词合并，当三个词短语合并时，重点考虑单音节词。

（5）标点。对构造短语造成影响的一些特定标点，如"、"。

根据上述特征空间定义识别条件，在基本短语识别条件的制定过程，我们定义了条件模板，见表 3-3。

表 3-3　特征条件模板

函数	*Ww*	*Wt*	*WP*	*WLt*	*WRt*	*WRw*
意义	当前词	当前词词性	当前词初始类别	当前词左边词性	当前词右边词性	右边特定词

函数	*WLw*	*WN*	*WLN*	*WRN*	*WB*
意义	左边特定词	当前词音节数	左边词音节数	右边词音节数	特殊标点

当特征函数取特定值时，该条件模板被实例化，得到具体特征。词性标注采用北大计算语言所制定的《现代汉语语料库加工——词语切分与词性标注规范》，对于如"的""了""在""与"等一些边界性标志的特殊词，我们事先拟定一个边界词表，用于短语边界的识别；为了更好地识别短语的边界，另外拟定了一张边界词性表，包含连接词、标点等一些词性。

以被实例化后的特征条件模板作为判断条件，判断输入是否满足短语合并规则（部分短语合并规则见表 3-4），满足则进行短语合并，否则进行下一步判断，这样整个匹配过程转化为二值分类过程，该特征可以表示为二值特征函数形式，如表 3-4 中第一条规则二值特征函数为：

$$fi(x,y) = \begin{cases} 1, & Wt(x)n \text{且} y = ng \\ 0, & \text{其他} \end{cases} \tag{3-17}$$

表 3-4　部分短语合并规则

词性符 1	词性符 2	合并后词性符	举例
n/名词	ng/名词词素	nl/名词短语	本源/n+性/ng=本源性/nl
ng/名词词素	an/名形词	nl/名词短语	收支/n+平衡/an=收支平衡/nl
ag/形容词词素	n/名词	n/名词	特/ag+区/n=特区/n

续表

词性符 1	词性符 2	合并后词性符	举例
vg/动词词素	v/动词	v/动词	幸/vg+免/v=幸免/v
n/名词	vn/名动词	n/名词	经济/n +扩张/v=经济扩张/nl

四、最大信息熵模型

最大信息熵模型是自然语言组块分析的一个比较成熟的统计模型，它的主要思想是通过选择一个统计模型，对于已知项建立模型，使它满足所有的已知事实，而不对未知项进行假设。最大熵最大的优点是它不依赖于任何语言模型，独立于特定任务，而且选取特征灵活，可以方便地把一些跨距离的特征加入模型之中。

标注过程可以描述为：设输入为 N 个词构成的句子 $S=<W,P>$，其中，$W=\{w_1w_2\cdots w_n\}$ 为词的集合，$P=\{p_1p_2\cdots p_n\}$ 为词性的集合，假设 S 有 N 种基本短语标注模式 $T^*=t_1t_2\cdots t_N$，则每个可能的候选标注模式描述为 $T^*=\arg\max p(T|W)$。

根据最大熵原理，概率值 $p(T|W)$ 的取值符合下面的指数模型。

$$P(T|W)=\frac{\exp(\sum_i \lambda_i f_i(W,T))}{Z_\lambda(W)} \qquad (3\text{-}18)$$

$$Z_\lambda(W)=\sum_i \lambda_i f_i(W,T) \qquad (3\text{-}19)$$

式中，f_i 为模型特征，它是一个二值函数，描述一个特定事实；λ_i 指示了特征 f_i 对于模型的重要程度；$Z_\lambda(W)$ 在 W 一定的情况下为一个规范化常数。

通过式（3-18）使模型由求概率值转化为求参数值 λ_i，这里本书利用周雅情等[52]提出的改进的迭代算法估计 λ_i。

对于给定的训练语料，经验分布为 $P(x)$ 与 $P(y|x)$。对于一组特征 $\{f_i,1\le i\le n\}$，利用迭代算法计算 λ 及 $P(y|x)$，迭代算法过程如下所示。

输入：特征集合 $f_1,f_2,\cdots,f_n$；经验分布 $P(x,y)$。

输出：特征参数 λ_i^*，模型 P_λ^*。

算法：

（1）$\lambda_i=0$，利用最大熵公式计算对应的 $P(y|x)$。

（2）解方程，$\sum_{x,y}P(x)P(y|x)f_i(x,y)\exp(\Delta\lambda_i f^{\#}(x,y))=p(f_i)$，得 $\Delta\lambda_i$；

式中，$f^{\#}(x,y)=\sum\limits_{i=1}^{n}f_i(x,y)$。

（3）$\lambda_i=\lambda_i+\Delta\lambda_i$。

（4）若 λ_i 不收敛，则返回到第（2）步。

五、短语特征的权重计算

BOW 中一般利用 TF-IDF 计算特征权重，定义如下：

$$w_{ik}=\frac{tf_{ik}\times\log(N/n_k+0.01)}{\sqrt{\sum\limits_{j=1}^{M}(tf_{ij}\times\log(N/n_j+0.01))^2}} \tag{3-20}$$

式中，tf_{ik} 为特征 t_k 在文本 d_i 中出现的次数，n_k 为出现特征 t_k 的文本数，N 为样本数目，M 为特征的数目。

对于由两个或多个词构成的短语权重的计算，考虑到权重应随距离的增加而减少，因此本书对权重公式进行了调整，公式如下：

$$Weight(Phrase)=\frac{1}{\alpha^{dist+1}}(Weight(t_1)+Weight(t_2)) \tag{3-21}$$

式中，t_1 和 t_2 是组成短语 $Phrase$ 的两个词，$dist$ 是它们之间的距离，α 是组成词语的个数。

$Weight(t)$ 由 $tf-idf$ 计算获得。

六、VSM 中特征项关系组织方式

利用短语代替词在一定程度上削弱了各特征项相互独立的缺陷，增加了特征的语义描述性。出于避免数据稀疏性的原因，我们主要选取基本短语与词来表示文本。但是，本章于第三节分析了 VSM 所固有的缺陷，并提出一种树状模型。如例 3.7 所示。

例 3.7　（1）我们要严厉打击违法犯罪。

　　　　（2）我们要努力发扬违法犯罪。

众所周知，名词具有更多的语义描述性，而动词却表征要执行的动作，并且这个动作有一定的情感倾向，如例句两个主题的区别正是在"打击"与"发扬"这两个动词上。因此，只需把动词与名词结合起来，便能表示一个完整的主题。

但是一个动词可以和多个名词搭配，一个名词也可以同多个动词搭配，如果单纯地以动词与名词搭配一起表示文本，不但会造成数据稀疏的问题，而且会造成大量特征难以匹配，这也是一直以来以短语表示文本分类效果不佳的原因。

因此，为了刻画动词与项之间的关系，我们构建了一个搭配树，树根存放项以及项的权重，左结点存放动词、动词权重，右结点存放形容词、形容词权重。各结点按权重大小排列。现在以"我市积极开展打击各项犯罪活动，以保一方民安"这个主题为例，描述各中心词项的关系树，如图3-9所示。

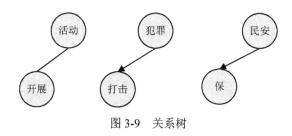

图 3-9　关系树

这样形成一个相互关联的短语袋模型，进行分类匹配时只需匹配树根，当出现类别模糊时再匹配左右结点，而这种组织方式更易于文本的情感分类。本课题组把这种组织方式用于不良信息过滤取得了良好效果。

七、实验结果分析

1. 实验语料

本书选取复旦大学计算机与技术系国际数据库中心提供的训练语料——20个类别共9801篇文档做基本短语抽取，这样20个类别涵盖了后继分类的各个主题，特征或短语的量化不依赖于每次具体的文本分类任务，更能真实、公平地体现出特征或短语在文本分类中所起的作用。

训练语料为复旦大学提供的训练集中除去军事等14个不满700篇文档的类别，选取了计算机、政治等6个类别作为训练语料。由于本项目主要用于不良信息过滤，我们从网上自行搜集了色情、暴力两个类别，分别为192、158篇文档。语料分布见表3-5。

表 3-5　语料分布

类别	计算机	暴力	环境	经济	政治	艺术	体育	色情
文档数	1357	158	1217	1600	1024	740	1253	192

评价指标仍利用第三章第四节所详细介绍的评价指标。

2. 实验结果及分析

（1）短语抽取实验。由于本书重点研究的是文本粒度的描述，为了保证粒度抽取的准确性，我们首先对基本短语抽取及搭配短语抽取的准确度进行实验。实验所用的词法系统为中科院计算所智能信息处理重点实验室提供，吕震宇改编的Sharp ICTCLAS1.0 FREE 版。

首先抽取语料库 20%的文档，经过切词、词性标注和人工抽取并标注短语，用于基本短语模型的参数估计，然后利用本书提出的基本短语提取方法进行开放测试，结果见表 3-6。

表 3-6　短语识别结果

基本短语识别		搭配识别	
精确率	召回率	精确率	召回率
81.53%	80.46%	80%	86%

表 3-6 所示的基本短语识别的精确率基本再现了周雅倩[52]基于最大条件熵的短语识别方法，说明了本书制定规则的可行性，这样的结果也为后续的分类提供了保障。

（2）文本分类实验。实验利用统计与规则相结合的方法抽取基本短语，利用文献[53]改进的信息增益方法选择出对分类贡献较大的基本短语和词共同组成特征空间，把选择的特征表示为 VSM，最后利用我们提出的权重计算公式计算各特征项权重，在贝叶斯分类器上分别进行实验。图 3-10 表示了 BOW 与 BOP 两类文本表示取不同百分比的特征时，分类器的宏观 F1 的变化。

从图 3-8 中可以看出，结合句法的文本标引结果明显优于单纯的词标引，在取 15%的特征时，分类器的质量便稳定下来；利用单纯词作为标引，分类器宏观 F1 波动很小，可以滤掉 80%的特征，在取 25%的特征项时，分类器的质量基本达到稳定。

为了更加合理地评价两类标引，我们对单类别分别进行封闭测试与开放测试，以便观察两种标引的单类别测试效果。表 3-7 表示了两种标引各个类别的准确率。

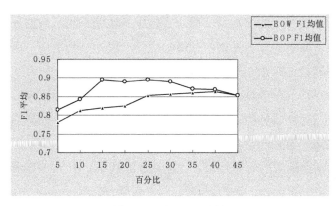

图 3-10 宏观 F1 比较

表 3-7 测试准确率

类别	封闭测试		开放测试	
	BOW（%）	BOP（%）	BOW（%）	BOP（%）
体育	90.74	95.59	82.33	84.35
政治	65.13	78.76	49.4	61.44
暴力	87.8	93.51	80.82	82.56
环境	89.56	93.71	87.42	92.09
经济	51.81	72.68	52.92	67.91
色情	89.57	94.03	84.68	93.97
艺术	89.9	94.42	83.81	86.32
计算机	86.12	92	83.17	85.85

从表 3-7 所示的测试结果来看，无论是开放测试还是封闭测试，BOP 模型的准确率均比 BOW 模型有了很大提高。其中 6 个类别的准确率均达到 80%以上，但却容易发现政治、经济两个类别的准确率却均处于 60%左右，未能达到理想效果。我们通过分析训练文档发现，中国的政治与经济之间没有明显的界限，譬如一篇文档描述的是国家召开的一次关于经济的会议，一些领域专会把这篇文本划入政治类，而另一些专业则把该文档划为经济类，正是这种类别之间的界限模糊性造成了政治、经济两个类分类效果不佳。

（3）基于关系树的非法文档过滤实验。

鉴于研究目的在于应用到基于内容的信息过滤中，因此设计该实验将上述分类器应用于网络信息过滤的测试实验。实验中将实验室测试数据分为合法文档和非法文档两类，其中的非法文档由 350 篇色情和暴力文档组成，而合法文档则由其他 6 个类别随机选取 350 篇组成。

为了减少算法的复杂性，我们首先进行中心词匹配，计算中心词与模板特征项的相似度，进行初步分类；为了避免"打击色情、暴力"此类的文档划入非法类别，我们利用中国知网研究中心董振东先生提供的情感分析词语匹配中心词的附属词，即检索搭配树的叶子结点，以提高过滤效果。图 3-11 显示了过滤结果的查全率。

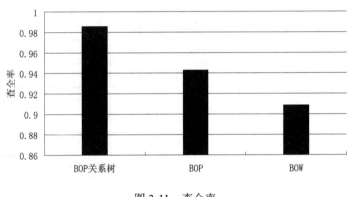

图 3-11　查全率

查全率代表了本系统对非法文本过滤的性能，由图 3-11 所示过滤结果可以看出，利用 BOP 关系树能够识别出 98%的非法文档，BOW 模型对非法文档的识别率最低。这一结果说明了本系统对非法文档识别的可靠性，同时也说明了构造 BOP 关系树的可行性。

第七节　基于统计的特征权重计算方法

一、联合权重计算方法

1．特征角色权重

一个句子的主干部分是组成句子的关键，如例 3.8 中"赛""龙舟""端午""习俗"这样几个词，在句子中充当的语法角色不同，对成句的贡献度也各不相同。

因此，不能等同视之。

例 3.8 原句：赛龙舟是端午节的主要习俗。

切分结果：赛/v 龙舟/n 是/vshi 端午节/t 的/ude1 主要/b 习俗/n 。/wj

对例 3.8 做依存文法分析，如图 3-12 所示。

赛 龙舟 是 端午节 的 主要 习俗。

图 3-12 词语依存关系

由图 3-12 中所示的依附关系可知，例句 3.10 的中心词为"龙舟""习俗"，还有一个特征区别词"端午节"，而其他的词均依附于它们而构成一个完整的句子。这些词在句子中充当主语、谓语或宾语，我们称它们为特征词语法角色，并利用语法角色对特征项加权。

对于一个句子而言，主干部分的构成一般由名词、动词及形容词构成，因此，我们对文本流采用倒排序的方法抽取中心词，即把文本流放到一个特殊栈中，制定修饰规则，并利用前文基本短语识别的相关规则，提取出中心词。

中心词的权重体现在其他词汇对其依赖性上，因此，我们利用中心与其共现词汇的相对熵为中心词加权。

$$W_{role} = \sum_{i=1}^{n} p(t_i \mid t_{head}) \log \frac{p(t_i \mid t_{head})}{p(t_{head})} \qquad (3-22)$$

式中，t_{head} 为中心词，t_i 为与 t_{head} 同现的有效词，$p(t_i \mid t_{head})$ 为以 t_{head} 为中心词的情形下的概率，$p(t_{head})$ 为 t_{head} 的概率。

由于对文档中的每个句子进行句法分析并提取中心词不太现实，我们仅对标题、首尾段、首尾句进行句法分析，抽取中心词，进行中心词加权。

2. 中心词关联加权

上述工作仅对文档中部分句子进行句法分析，对中心词加权；但是文档中仍然存在大量未进行句法分析的句子，因此，特征词的重要程度便倾向于位于首尾段与首尾句中的词项，致使特征发生偏移。因此，引入了中心词关联加权函数进行平滑。中心词关联加权是指对与中心词共同出现的有效词加权，我们称其为依附加权，基本思想如下：

当一个词条依附于另一个词条 w 时，存在着如下三种情形。

（1）词 w_i 的概率 $p(w_i)$ 较高，词 w_j 的概率 $p(w_j)$ 较低，$p(w_i, w_j)$ 较高。

（2）词 w_i 的概率 $p(w_i)$ 较低，词 w_j 的概率 $p(w_j)$ 较低，$p(w_i, w_j)$ 与 $p(w)$ 几乎相同。

（3）词 w_i 的概率 $p(w_i)$ 较高，词 w_j 的概率 $p(w_j)$ 较高，$p(w_i, w_j)$ 较高。

不难发现，词对 $p(w_i, w_j)$ 的概率与 $p(w)$ 的概率息息相关，因此，我们对依附度进行了简化，定义如式（3-23）所示。

$$W_{de} = \sum_{j=1}^{n} \frac{p(w_i, w_j)}{p(w_j)} \qquad (3\text{-}23)$$

为了避免词对偶然搭配现象的产生，利用均值和方差特性化了语料中两个词之间的距离分布，统计低方差高频率的词条。因此，依存强度公式被转化为式（3-24）。

$$W_{rela} = \sum_{j=1}^{n} (1/E) \times \frac{p(w_i, w_j)}{p(w_j)} \qquad (3\text{-}24)$$

式中，E 为两词同现的方差，定义如下：

$$E = \sqrt{\frac{\sum_{i}^{n}(d_i - \overline{d})^2}{n-1}} \qquad (3\text{-}25)$$

式中，n 为两词同现次数，d_i 为同现偏移量，$\overline{d} = \frac{1}{n}\sum_{i=1}^{n} d_i$ 是样本偏移量均值。

3. 特征项分布加权

一个有效词在一个局部主题内分部越均匀，越能表达该主题，因此应该增加局部主题内分布较为均匀的项的权重。

依据概率论知识，方差体现了随机变量取值的离散度，而样本方差是方差的无偏估计，因此我们选用如式（3-26）所示的统计量衡量特征在文档中的分布情况，称其为段内离散度。

$$PIac = \frac{\sqrt{\frac{1}{m-1}\sum_{i=1}^{m}(tf_i(t) - \overline{tf(t)})^2}}{tf(t)} \qquad (3\text{-}26)$$

式中，$tf_i(t)$ 表示项 t 在第 i 句中出现的频度，m 为句子总数，$tf(t)$ 表示 t 在整篇文档出现的总频度，$\overline{tf(t)} = \dfrac{1}{m}\sum\limits_{i=1}^{m} tf_i(t)$ 表示项 t 在各句中出现频度的平均值。

显然，$0 \leqslant PIac \leqslant 1$。当 $PIac = 0$ 时，取得最小值，此时 t 在各个句子中均出现，最能代表文档主旨，即特征项的权重与其段内离散度成反比。因此，我们对特征的分布信息权重做如下定义：

$$W_{dist} = 1 - PI_{ac} \tag{3-27}$$

4. 特征位置加权

特征所处位置的不同，对文档的贡献度也不相同。例如特征出现在标题句等具有明显主旨的部分中，权重应该加强。我们定义特征的位置权重如下：

$$W_{pos} = \frac{p(t_i)}{p(t)} \tag{3-28}$$

式中，$p(t_i)$ 为特征出现在标题、首尾段、首尾句中的次数，$p(t)$ 为特征在整篇文档中的总次数。

同样，在文档中存在一些转折、总结性的句子，当特征词在这些句子中出现时，特征词的权重应该增加。本书利用同样的方法定义了特征词处于特殊句中的权重，公式如下：

$$W_{clue} = \frac{p(t_j)}{p(t)} \tag{3-29}$$

5. 特征权重计算方法

通过上述加权计算，与传统的 TF-IDF 计算所得的权重 W_{tf-idf} 相结合，形成最终的特征权重计算公式，定义如下：

$$W_i = (W_{role} + W_{rela} + W_{dist} + W_{pos} + W_{clue}) \times W_{tf-idf} \tag{3-30}$$

W_{tf-idf} 为 TF-IDF 权重，定义如下：

$$W_{tf-idf} = \frac{tf_{ik} \times \log(N/n_k)}{\sqrt{\sum\limits_{k=1}^{n}(tf_{ik})^2 \times [\log(N/n_k)]^2}} \tag{3-31}$$

二、实验及分析

1. 语料预处理

（1）主题句抽取。为了减少分类噪声，剔除文档中对分类贡献较小，甚至没有贡献的句子，我们利用课题组[54]提出的逻辑段落划分的方法对句子进行聚类，划分出各个局部主题，并对每个局部主题做主题句抽取。选择权重较大的句子参与文本分类。句子权重公式定义如下：

$$WP = \frac{\alpha_{pos}\alpha_{clue}\sum\limits_{i=1}^{n}W_i}{n} \qquad (3\text{-}32)$$

式中，W_i 为特征项权重；α_{pos} 为句子的位置权重；α_{clue} 为句子中含有指示性短语的句子的加权；α_{pos}、α_{clue} 为经验值。

经过多次实验，我们对 α_{pos}、α_{clue} 设定如下：

$$\alpha_{pos} = \begin{cases} 0.6 & \text{位于段首} \\ 0.1 & \text{位于段中} \\ 0.3 & \text{位于段尾} \end{cases} \qquad (3\text{-}33)$$

$$\alpha_{clue} = \begin{cases} 0.6 & \text{有提示词} \\ 0.4 & \text{无提示词} \end{cases} \qquad (3\text{-}34)$$

（2）主题句消冗。加权获得句子的权重后，理论上便可以根据权重的大小把句子降序排列，按压缩比抽取高权重的句子。但是这样抽取的句子可能存在大量的冗余信息，而另一些权重较低，但却又能代表一个子主题的句子反而不能被抽取。因此，需要计算句子间的相似度，抽取那些与主题相关而句子之间不相似的句子。

句子间相似度大致分为三类，分别是基于关键词的相似度计算、基于词义距离的相似度计算和基于句法的相似度计算。由于基于关键词的相似度计算仅是利用词表面信息，没有考虑词本身的意义信息，而且在中文状态下存在大量的同义词等信息，具有一定的局限性。因此，我们以哈尔滨工业大学信息检索实验室的《同义词林扩展版》作为系统的词义知识资源，进行词义合并，然后计算句子相似度。

对两个句子 $S_1(T_{i1},W_{i1};T_{i2},W_{i2};\cdots;T_{in},W_{in})$ 和 $S_2(T_{j1},W_{j1};T_{j2},W_{j2};\cdots;T_{jn},W_{jn})$ 之间的词语相似度 $Ws(T_{in},T_{jm})$ 利用文献[56]中相似度算法计算，那么这两个句子的语义相似度定义如下[55]：

$$Sim(S_1, S_2) = \left[\frac{\sum_{i=1}^{m} T_i}{m} + \frac{\sum_{j=1}^{n} T_j}{n} \right] \bigg/ 2 \qquad (3\text{-}35)$$

式中， $T_i = \max(W_s(T_{ik}, T_{j1}), W_s(T_{ik}, T_{j2}), \cdots, W_s(T_{ik}, T_{in}))$ ；

$T_i = \max(W_s(T_{jk}, T_{i1}), W_s(T_{jk}, T_{i2}), \cdots, W_s(T_{jk}, T_{in}))$ 。

2．实验结果分析

（1）内部评价结果分析。由于自然语言处理呈现面向真实语料的趋势，因此，本书分别从人民网、凤凰网、新华网三大网站随机下载了军事方面的新闻，选取100 篇，共 7684 个句子做主题句抽取，最后经过人工打分并与利用 TF-IDF 计算权重所抽取的主题句进行对比。

主题句抽取过程中利用逻辑段落划分的方法对句子进行聚类，划分出各个局部主题。然后利用改进的信息增益算法选取有效特征词，最后利用本书提出的权重计算方法评价各个句子，最后取压缩比为 35% 完成对主题句的抽取。

为了综合评价本书提出方法的可行性，我们从原文相符度、准确度、错误率三个方面分别进行度量。三种指标是一种主题反映的可接受程度，其中相符度表示基本反映主题的程度，准确度表示能够准确地反映主题的程度，错误率表示未能反映主题的比率。实验结果见表 3-8。

表 3-8　两种权重计算方法对比

指标	联合权重	TF-IDF
相符度	27.23%	32.48%
准确度	64.51%	54.69%
错误率	8.26%	12.83%

从上述实验结果发现，上述结果中，利用联合权重抽取的主题句的相符度比利用 TF-IDF 所得的相符度低了降低约 5%，但是，准确率却高出将近 10%，同时错误率降低了约 4%。这说明，联合权重没有仅仅从文本的频次入手，而是从特征的位置及文本的内容上去理解。对句子消冗余的过程中，利用同义词林进行词义

消歧，不仅是对句子的消冗，而且间接提高了有效词的权重，进一步提高了有效词及高频词的覆盖率。由此可见，联合权重更能反映特征对于文档的贡献度。

（2）外部评价结果分析。对上述语料进行切词、去除停用词以及高频词与低频词后，分别按照联合权重计算方法和 TF-IDF 计算特征权重，按压缩比为 35% 分别对各类别抽取主题句。以抽取的主题句作为训练语料，利用本书提出的改进的信息增益方法进行特征选择，并把选择出的特征项表示为 VSM，其中特征权重计算可以利用本书提出的特征权重公式进行计算，最后在贝叶斯分类器上进行实验。

图 3-13 表示了分别以文档主题句和全文本作为训练语料在贝叶斯分类器上的准确率。整体来看，利用主题句作为训练语料与全文本作为训练语料的分类效果相差不大，但是由于主题句仅是全文本的 35%，这样，时间复杂度便会小很多。

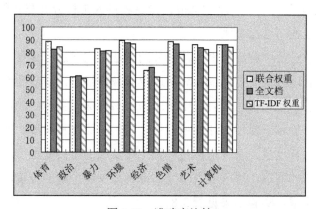

图 3-13　准确率比较

通过对比本书提出综合权重计算方法与单纯的 TF-IDF 权重计算方法对分类效果的影响，可以看出，本书提出的权重计算方法在各个类别上的准确率均比单纯 TF-IDF 权重计算方法高出很多，这说明了本方法的有效性。同时可以看出，利用本书提出的联合权重计算方法提取的主题句作为训练语料在体育、暴力、色情等多个类别的分类精确度反而比利用全文本作为训练语料的效果要好很多，这也间接说明本书提出的权重的计算方法对有效词的覆盖率达到分类的要求，从而证明了联合权重计算方法的可行性。

为了综合评价联合权重计算方法的合理性，我们对比了不同压缩比下两种权重函数对分类器影响的宏平均 F1，如图 3-14 所示。

图 3-14 中横坐标表示不同压缩比，纵坐标表示不同压缩比下分类效果的 F1 平均值。从中可以看出利用联合权重提取的主题句的分类效果明显优于利用 TF-IDF 提取的主题句；在压缩比为 35% 时，整个分类器性能便趋于稳定，换句话说，此时有效词的覆盖率至少达到 50% 以上。通过对比容易发现，TF-IDF 权重计算方法的效果不但明显比联合权重低，而且在取压缩比为 15% 时存在一个拐点，因为利用 TF-IDF 方法仅是号虑的特征的频次信息，没有考虑特征的角色信息、位置信息以及分布信息，所以提取的主题句中不仅包含了多方文档的重要信息，同时也包含了大量的重复信息，这也是利用 TF-IDF 获得的主题句比本书提出的联合权重准确率低的一个重要原因。

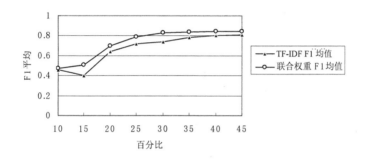

图 3-14　不同压缩比分类效果比较

第八节　基于统计与规则的特征项联合权重实验

前文针对 VSM 的缺陷提出相应的对策，并利用大量实验分别证明了本书所提出的方法的可行性，于是本书结合上述思想综合实验，共同构成了基于统计与规则的特征项联合权重计算方法。下面给出详细的实验，以证明其可行性。

一、实验步骤

（1）对训练语料，首先利用本章第六节所描述的基本短语提取方法提取出基本短语，并利用基本短语代替 BOW 中的词描述项。

（2）再利用本章第六节节所描述中项的组织方式，构建项的树状搭配关系。

（3）利用本章第七节节所描述的权重计算方法计算 VSM 中的项的权重。

（4）利用贝叶斯分类器进行分类训练。

二、实验结果分析

1. 关键词覆盖率评估

由于自然语言处理呈现面向真实语料的趋势，因此，本书分别从人民网、凤凰网、新华网三大网站随机下载了军事方面的新闻，选取 100 篇，共 7684 个句子做关键词抽取，最后经过人工打分并与利用 TF-IDF 权重计算方法所抽取的关键词进行对比。

关键词抽取流程如图 3-15 所示。

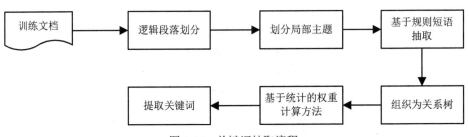

图 3-15　关键词抽取流程

首先利用图 3-15 所示的流程抽取出关键词，并与利用 TF-IDF 权重计算方法所抽取的关键词在不同压缩比下进行对比，实验结果见表 3-9。

表 3-9　两种权重计算方法对比

压缩比（%）	有效词覆盖率（%）		高频词覆盖率（%）	
	联合权重	TF-IDF	联合权重	TF-IDF
10	27.23	22.62	46.47	34.67
20	49.1	36.45	68.45	58.45
30	62.2	51.2	81.23	70.34
40	68.4	60.11	84.51	78.45

上述实验结果表明，随着压缩比的增长，有效词覆盖率和高频词的覆盖率增长的速度呈先慢后快的趋势，增长到压缩比为 40% 时，有效词及高频词的覆盖程度趋于平缓。

从不同压缩比下的有效词覆盖率可以看出，利用联合权重得到有效词的覆盖率较高，并且在压缩比为 30% 左右时，有效的覆盖率趋于稳定，而利用 TF-IDF

计算所得的有效词的覆盖率相对较低，在压缩比为 40%时逐渐趋于稳定。

高频词的覆盖率整体走向与有效词覆盖率走向趋势相同，综合对比，联合权重取得的关键词收敛较早，性能较好。

2. 信息过滤实验结果分析

对本节中所描述的语料进行切词，利用本书提出的改进的信息增益方法进行特征选择后，分别利用联合权重计算方法和 TF-IDF 计算特征权重，按压缩比为35%抽取关键词，并表示为 VSM，最后在贝叶斯分类器上进行实验，实验结果如图 3-16 所示。

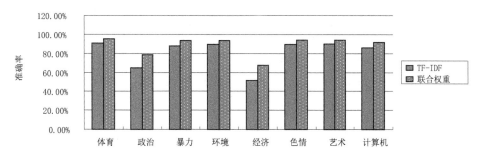

图 3-16　单类别准确率比较

图 3-16 表示了两种权重计算方法在类别上的准确率，从中可以看出，利用联合加权的方式所得到的关键词，其分类的准确率比 TF-IDF 在每个类别上均高出许多，这是因为 TF-IDF 仅仅靠频次衡量特征的重要性。因此在选择的特征项中不仅包含大量的有效信息，也包含了大量的重复信息，致使特征曲线较为平坦，从而导致最后分类精度的降低。

而本书提出的基于统计与规则的方法首先利用规则进行词项合并，利用提取出基本短语代替 BOW 中的词，不仅增加了词项的语义描述性，而且一定程度上消除了词项的冗余，减少了分类噪声，间接提高了特征项的区分度。其次，联合权重不仅考虑了特征项的频次，而且综合考虑了特征项的分布、位置、语法角色等信息，在利用同义词林消除同义项的同时，直接增加了特征项的区分度。因此，基于统计与规则的权重计算方法比传统的 TF-IDF 权重计算方法效果要好许多。

值得注意的是，在图 3-16 所示的实验结果中，政治和经济两个类别的准确率与其他类别相比却较低。我们对语料库进行了深入分析，发现中国的政治与经济没有明显界限，这与领域专家的经验相联系，这是造成两个类别精确度较低的主要原因。

第九节　小结

本章对现有特征选择算法、文本分类模型、权重计算方法等内容进行了总结，并对特征评估函数与权重计算方法进行了区分与界定，最后针对传统的信息增益算法的缺陷进行了深入探讨，通过分析特征项的分布信息，引入类内离散度和类间离散度来改进信息增益计算方法，以提高分类精度，通过实验证明改进后的算法在处理相近类别且存在类不平衡和项不平衡时，效果有了一定提高。本章还利用基本短语替代 BOW 中的词作为特征项，在一定程度上弥补了中文词法系统的不足，而且对特征项的位置、角色、分布等信息进行探讨，最终形成一个特征项联合权重计算方法。此方法不仅克服了单纯依靠频次抽取关键词中多冗余现象，而且增加了项的区分度，最终达到提高过滤效果的目的。

第四章 融合段落特性的文档权重计算方法

第一节 引言

基于内容的文本信息过滤通常将训练样本集转换为空间向量的形式供分类算法分析使用。但是，将训练样本集转换为空间向量后通常产生大量的备选特征项，如果把所有备选特征项都用来表示被过滤类别特征邮件，势必会增加文本信息过滤的运算时间和空间复杂度。同时，太多的无关特征项反而会影响过滤效果。可见，如何合理地控制向量空间维数成为了影响过滤效果的重要因素之一。

特征权重计算和特征选择可以从一组特征中挑选出一些具有类别代表性的特征以达到控制特征词维数的目的，目前常用的权重计算方法有文档频次、互信息、信息增益、CHI 统计量、交叉熵等。

近年来，相关研究人员对于特征权重的研究工作主要集中在对传统调整权值计算函数的改进上。Yang Yiming 等[57]对目前常用的文档频率（DF）、信息增益（IG）、互信息（MI）、卡方统计（CHI）以及特征项强度（TS）等特征权值计算函数进行了比较成熟的定义，给出了这几种方法在 Reuters-21578 上的实验结果，并从不同评价角度对几种方法的使用效果、优缺点以及适应范围进行了分析。Bong CH 等[58]提出了一种在文档集有较多重叠主题时的 CTD（Categorical Descriptor Term）计算方法，该方法应用了 IDF 中的文档频率信息和 ICF 中的类别信息。实验证明，CTD 可以得到比另外的特征选择方法较好的效果，特别是在文档集中有较多的重叠主题时。Shoushan LI 等[59]给出一种选择带有强类别信息特征项的 SCIW（Strong Class Information Words）方法，该方法将多种类别的信息引入权重计算中，充分体现了具有较多特征项的文档的可识别性，同时，该方法可以很方便地使用一些具有隐含规律的自然语言。徐燕等[60]在文献[61]的基础上提出了一种基于区分类别能力的高性能特征权值计算方法，该方法在给出两个特征选择函数需满足的基本约束条件的基础上，提出了一种构造高性能特征选择的通用方法，并依此方法构造了一个新的特征选择函数 KG（Knowledge Gain），通过 Reuters-21578 试验集上的部分数据证明了该方法的优越性。崔自峰等[62]在研究特征相关性基础上，进一步划分特征为强相关、弱相关、无关和冗余四种特征，建立起 Markov Blanket 理论和特征相关性之间的联系，结合 Chi Square 检验统计方法，提出了一种基于前向选择的近似 Markov Blanket 特征选择算法，获得近似最优的特征子集，实验结果证明文中方法选取的特征子集与原始特征子集相比，以远小于原始特征数的特征子集获得了高于或接近于原始特征集的分类结果。

虽然上述文献中分析的计算方法在一定程度上解决了特征项权重计算过程中的文档权重、上下文关系等传统特征权重计算方法中存在的问题，但是很少综合计算文档权重、句子权重、段落权重以及特征项权重相结合的方法。

第二节　预备知识

为了分析方便，下面我们先给出目前文本信息过滤中常见的文本特征权重计算方法。

一、常用特征权重计算方法

1. 文档频数（Document Frequency，DF）

DF 是最简单的特征评估函数，其值为训练集合中包含特征项的文本数目。计算复杂度低、实际应用中效果好、能适应于大规模数据集的特征选择是 DF 的优势所在。其假设噪声词或所含信息量少的稀有单词对分类影响小，可以删去。但在实际应用中，稀有单词可能包含重要的判断信息，若将其简单舍弃，将影响分类器的精度。

2. 信息增益（Information Gain，IG）

信息增益是一种基于熵的评估方法，定义为特征 t 在文本中出现前后的信息熵之差，常采用式（4-1）计算[63]。

$$IG(t) = -\sum_{i=1}^{m} P(c_i) \log P(c_i) + P(t) \sum_{i=1}^{m} P(c_i | t) \log P(c_i | t) + P(\bar{t}) \sum_{i=1}^{m} P(c_i | \bar{t}) \log P(c_i | \bar{t})$$

（4-1）

IG 衡量某个特征是否存在对类别预测的影响，同时考虑特征出现和未出现两种情况，倾向于选择在某一类别中出现频率高而在其他类别中出现频率低的特征。由于不在文本中出现的特征词对分类的贡献往往小于其带来的干扰，考虑其未出现的情况反而降低了信息增益的效果，尤其是在样本分布和特征分布不均匀的情况下较为明显[64]。

3. CHI 统计（Chi-Squared，CHI）

CHI 统计假设特征与类别间服从 χ^2 分布，可度量特征和类别之间的独立性。其值越高，特征项与类别之间的独立性越小、相关性越大，计算公式如下：

$$CHI(t) = \sum_{i=1}^{m} P(c_i) \frac{N(AD - BC)^2}{(A+C)(B+D)(A+B)(C+D)} \qquad (4\text{-}2)$$

式中，A 表示特征 t 与类别 c_i 文档同现的次数，B 表示特征 t 出现而 c_i 类文档不出现的次数，C 表示 c_i 类文档出现而特征 t 不出现的次数，D 表示 c_i 类文档与特征 t 都不出现的次数，N 为总文档数。

CHI 方法用于特征选择时，倾向于选择在指定类别文本中出现频率高的特征词和在其他类别文本中出现频率比较高的词，在实际应用中可靠性较好，无需因训练集的改变而人为调节特征阈值，但当特征与类别不符合 χ^2 分布时，其倾向于选择低频特征词。

4. 互信息（Mutual Information，MI）

MI 度量特征与各类别的相关度，常用平均互信息来度量特征对类别的区分性，计算公式如下：

$$MI(t, c_i) = \log P(t|c_i) / P(t) \qquad (4\text{-}3)$$

互信息方法倾向于选择在某一类别中出现频率高但在其他类别中出现频率低的特征词。由于其计算过程中未考虑到特征出现的频率，删掉很多高频词，使得互信息在特征选择中效果较差[65]。

5. 期望交叉熵（Expected Cross Entropy，ECS）

交叉熵反映了类别概率与给定特征词下类别概率之间的距离，交叉熵越大，类别区分性越好，其与信息增益相似，但没有考虑特征词未发生的情况，用于特征选择时采用式（4-4）计算：

$$ECE(t) = P(t) \sum_{i=1}^{m} P(c_i|t) \log\left(P(c_i|t) / P(c_i)\right) \qquad (4\text{-}4)$$

二、基本算法比较

上面分析了各算法用于特征空间降维时的计算公式及其优缺点，其性能的不同使得一方面在同一应用环境中性能不同，如文献[66]针对英文语料 Ruters-22173 比较了 DF/IG/MI/CHI/TS 五种特征选择方法的性能。实验结果显示：IG 和 CHI 最有效，DF 与 IG、CHI 的性能相近，在需要降低计算复杂度、节省开销时可用于代替 IG 和 CHI，MI 因偏向选择稀有词性能最差。

另一方面，同一权重计算方法用于不同应用领域时性能也不同，如文献[67]针对中文网页比较 DF/CHI/IG/MI 四种方法，得到的结论与传统分析基本相同，且 CHI/IG/DF 能够过滤掉 85%以上的特征；文献[68]面向旅游领域的文本分类比较了 TF-IDF/ECE/IG/WET/MI 五种特征选择方法，ECE 因既考虑词频又考虑词的出现与类别的关系使得分类效果最好，IG 因考虑单词未出现情况使得性能最差。此外，当训练数据集分布不平衡时，多数权重计算方法倾向于选择高频词，这样对包含样本数较少的类别很不利。

综上所述，特征选择算法性能受数据集的文本语种、数据分布信息、分类算法等因素的影响，各个算法各有利弊，不存在任何一种算法在所有应用领域都是最优的。因此，在本书对中文文本信息过滤特征权重计算方法的研究中，文本过滤结果的"二值"性及中文文本的特殊性，必然使各权重计算方法在文本信息过滤中的性能规律与现有文本分类的研究有所不同。

第三节 融合段落特征的文本权重计算方法

本书在研究相关特征权重计算方法的基础上，综合考虑待匹配文档的文档权重、句子权重、段落权重、特征项权重以及上下文关系，提出了一种新的融合段落特征的文本特征权重计算方法（Combined with Paragraph Characteristics，CPC）[69,70]。

一、文档的形式化表示

在向量空间模型中，训练文档以及从网络文档中抽取的文本被映射到 n 维空间的一个向量，空间中的每一维由一个特征项及其权重组成，因此文档 D 可以形式化地表示为：

$$D = <w_1, w_2, \cdots, w_n> \tag{4-5}$$

式中，w_1 代表向量中第一维，即文档的第一个特征项权重。

二、文档权重的计算及其体现

在本书中，文档权重是指不同长度的待过滤的重要程度，并通过其重要程度增加其在匹配过程中的重要性，从而增加匹配度，提高分类过滤效果。实施过程中应用 0～1 之间的一个实数值进行表征，其中 0 表示重要程度最低，值越大表示该文档重要程度越高。根据文献[62]中文档权重计算方法，本节加以修正如下：

$$WT_i = \sum_{i=1}^{n} WW_i + N \qquad (4\text{-}6)$$

式中，WT_i 是该文档包含的第 i 个特征项的权重；N 是指特征项在文档中的分布密度，即密集程度。

因此，对于一篇文档来说，该文档所包含的特征项越多，其文档权重越大，另外如果特征项在文档中的分布越密集，这篇文档的权重就越大。

三、对文档中部分重要句子的权重计算

在基于概念的段落化匹配过程中，我们在对某文档进行匹配之前需要进行层次聚类。但是如果文档中存在一些完全起不到任何作用的句子，我们仍然应用这些特征项进行聚类的话，不仅大大浪费了匹配时间，也会导致聚类运算的数据偏移，从而影响匹配效果。为此，可以只考虑重要的句子而放弃文档中作用不大的甚至不起任何作用的句子。

其应用步骤如下：

（1）把文档分成句子。

（2）按照式（4-5）计算出句子权重。

（3）对句子按权重大小进行排序。

（4）选择适量权重最大的句子用于语义分析和层次聚类。

在对句子权重的计算过程中，根据文献[71]我们要考虑的是句子中含有的特征项、与该特征项有相同语义的词以及句子中不包含的特征项。句子的权重计算方法如下：

$$WS = \sum_{i=1}^{n} (KW_i + TF_i + IDF_i) + D \qquad (4\text{-}7)$$

式中，KW_i 是该句子或段落中包含的第 i 个特征项的权重，TF_i 是该特征项在

这篇文档中出现的频率，IDF_i是该特征项在文档中出现的逆频率，D是指特征项在句子或段落中的分布密度。

四、特征项的位置权重

将文档计算句子权重留在后面进行句子挑选的同时，其中还涉及应用特征项在文中位置对特征项权重进行调整的策略。

不妨设特征项i的位置权重为δ_i，则文档D所有段落权重和$\sum_{0}^{n}\delta_i=1$，其中0表示标题文本，同时，研究过程中发现，由于段首和段尾通常具有极为相似的地位，因此专门抽取出段首和段尾作为一部分构成总结段。

同时，根据文献[72]实验结果，n为1～6之间任意值。根据实验经验，此处取值为4，将D中相关各段权重做如下处理：

$$\delta_i \begin{cases} 0.5 & \text{特征词出现在标题} \\ 0.3 & \text{特征词出现在总结段} \\ 0.2 & \text{特征词出现在其他段中} \end{cases} \qquad (4\text{-}8)$$

设s_t为词在相应位置出现的次数，那么加入了位置权重后的特征项权重计算公式如下：

$$KW_i = w_i \times \frac{\sum s_{t_i} \times \delta_i}{\sum s_{t_i}} \qquad (4\text{-}9)$$

五、文档中特征项的权重确定

文档词语权重计算方法最为典型的就是 TF-IDF[73,74]方法，它使特征在文档中的权重正比于特征在文档中出现的次数，而反比于语料中包含该特征的文档的数目。

$$w_{ik} = tf_{ik} \times idf_k \qquad (4\text{-}10)$$

式中，tf_{ik}是术语频度（Term Frequency，TF），指的是特征项t_k在文档d_i中出现的次数；idf_k是逆文档频率（Inverse Document Frequency，IDF），指的是出现特征项tf_{ik}的文档个数的倒数，而idf_k由下式计算：

$$idf_k = \log(N/n_k + 0.01) \qquad (4\text{-}11)$$

式中，N表示全部训练集的文本数，n_k表示训练文本中出现特征项t_k的次数。考虑到文本长度对权值的影响，还应该对式（4-11）做归一化处理，将各项的权值规范到[0,1]之间：

$$w_{ik} = \frac{tf_{ik} \times \log(N/n_{ik} + 0.01)}{\sqrt{\sum_{k=1}^{N} [tf_{ik} \times \log(N/n_{ik} + 0.01)]^2}} \qquad (4\text{-}12)$$

综上所述，可将 KW_i 值计算方法调整如下：

$$KW_i = w_i \times \frac{\sum s_{t_i} \times \delta_i}{\sum s_{t_i}} \times WT \qquad (4\text{-}13)$$

同时，在实验中发现，由于段落权重、句子权重以及位置权重均用 0～1 之间的实数值，因此导致最终计算的特征项权重值偏小，不利于进行匹配。根据实验经验，我们将综合上述权重计算公式添加一个常数项 Die：

$$KW_i = w_i \times \frac{\sum s_{t_i} \times \delta_i}{\sum s_{t_i}} \times WT \times WS + Die \qquad (4\text{-}14)$$

实验证明，Die 取 0.4 时测试效果达到最佳。

第四节　实验分析

为了验证本文权重计算方法的有效性，该部分将本文提出的综合加权策略同传统计算方法在公共实验平台上进行实验验证。

一、实验语料

实验使用了 Reuters21578[75]的标准文本分类语料进行测试，Reuters21578 是英文语料，实验采用其 ModApte 版本。Reuters-21578 分布在 22 个文件中，从 reu2-000.dgm 到 reut2-020.sgm 每个文件包含 1000 个文档，reut2-021.sgm 包含 578 个文档。同时，由于很多文档同时隶属于多个类，经过处理，我们只取了每篇文档的第一个类别标签。

该语料分布是非均衡的，最大的类和最小的类具有较大差别，因此只有部分类别适用于分类实验，本实验选取了其中超过 100 篇文档的部分语料集，处理后的 Reuters-21578 包括 19632 个特征、8075 篇训练文档以及 3143 篇测试文档。

二、实验环境

实验在一台方正电脑上进行，配置如下：Pentium（R）Dual-Core CPU E5500 @ 2.8GHz，2GB 内存，320GB 硬盘，采用 Visual Studio 2010（C#）开发的文本信息过滤平台。

为了有效测试文中所提出的文本权重计算方法，测试过程中涉及的除了权重股计算之外的其他技术均使用目前较为常用的方法：

（1）文本表示采用向量空间模型，该模型应用最为广泛。

（2）分类算法采用支持向量机，它们是目前文本过滤中表现最好、应用最广的分类算法。

（3）目前针对权重计算在 Reuters-21578 的测试大多在 JAVA 平台。由于本项目开发环境是 Visual Studio，因此，文本部分的实验采用了网络公开改写的 C++ 接口进行[76]。

三、评价指标

目前信息过滤和文本分类中普遍使用的性能评估指标为准确率（precision，简记为 p）、召回率（recall，简记为 r）。对于文档类中的每一个类别，使用列联表（contingency table）来计算召回率和准确率。表 4-1 为一个列联表实例。

表 4-1　单类列联表

判断	属该类的文档数	不属该类的文档
判断为该类文档	a	b
判断不为该类文档	c	d

此时，准确率、召回率的定义如下：

$$p = \frac{a}{a+b}, \quad r = \frac{a}{a+c} \tag{4-15}$$

上述列联表只能对单个类别分类效果进行评估，如果要对分类性能做一个全面评价，通常引入宏平均[77]概念，其计算方式为现对每个类计算 p 和 r 值，然后对所有类求其平均值，即

$$\bar{r} = \frac{\sum_{1}^{|c|} r_c}{|c|} \qquad \bar{p} = \frac{\sum_{1}^{|c|} p_c}{|c|} \qquad (4\text{-}16)$$

宏平均能够更加全面地反映分类方法在准确度上的特征变化，但是很多方法却往往只能兼顾其中之一。所以，为了更加全面地比较文本改进方法，引入 F1 值进行进一步的测试和比较。

$$F1 = 2SR \times SP/(SR + SP) \qquad (4\text{-}17)$$

召回率反映了过滤器识别被过滤文本的能力，召回率越高，"漏网"的被过滤文本信息越少；准确率反映了合法文本信息被误判为非法文本信息的可能性，准确率越高，说明过滤器将合法文本信息误判为非法文本信息的可能性就越小；F1 值为召回率和准确率的调和平均。

四、评价方案

权重计算和特征选择是介于分类器与文档数据之间的一个重要的环节，它通过降低特征集合，减少分类器在计算和存储的开销，同时也通过过滤部分噪声以提高分类的准确性。一个性能良好的权重计算方法应该具备以下特征。

1. 准确性

准确性是权重计算方法的首要指标，主要是指根据该权重计算方法计算的权重，能够更加准确地选取特征项集合，为模板训练提供支持。该指标又包含完全性和区分性两个部分，完全性是指根据该方法计算并选取的特征词语能够代表相应类别，而区分性则是指根据该方法计算并选取的特征项集合能够较好地将其所在的类别与其他类别进行区别。

2. 简单性

该指标要求根据相应的特征权重计算方法计算并选取的特征集合中的特征项应该尽量的少，从而降低在后期进行模板训练的复杂度。但是，在本书研究过程中，遗传算法进行模板训练的智能性导致我们不用过多地考虑该指标，从而也增加了相应权重计算方法的适用性。

3. 数据集合的适用性

不同的权重计算方法可能针对不同的数据集合有不同的表现，因此，一种新的权重计算方法针对不同数据集合的普适性也是衡量该方法好坏的一个重要组成部分。

4. 时间复杂度

由于相应的权重计算方法不仅仅要用于计算训练集中的文本内容，还要用于在过滤过程中针对被过滤文本进行实时计算，这就要求相应的计算过程尽量能够节约时间，否则，过滤时间太长则是过滤系统和用户所不能接受的。

通过上面的分析，本书实验考察权重计算方法的准确性、数据集合的适用性以及时间复杂度三个评价指标。

五、评价与结果分析

这部分针对评价方案中选取的三个评价指标分别进行实验。

1. 准确性实验

为了避免实验中的偶然性，在该部分测试中，同样的实验条件独立重复进行10 次，取其算术平均值作为最终的分类性能指标。其中，TF-IDF_R, TF-IDF_P 和 TF-IDF_F1 分别指利用 TF-IDF 计算特征权重时的整个分类器的查全率、查准率及 F1 值。CPC_R，CPC_P 和 CPC_F1 分别指利用本书 CPC 方法计算特征权重时的整个分类器的查全率、查准率及 F1 值。分别对 10 次实验结果计算算术平均值，平均查全率从采用 TF-IDF 方法的81.51% 提高到采用 CPC 方法的83.60%，查全率提高 2.09%，相当于采用 CPC 方法比 TF-IDF 方法多训练出近 300 篇能正确分类的文本；平均查准率从 81.69%提高到了 85.52%，正确分类出来的文档比率相对提高了近 4%；宏平均综合值 F1 从 81.35% 提高到了 83.97%，提高了 2.62%。实验数据表明，在文本分类算法中使用本书提出的 CPC 特征权重计算方法能有效提高文本分类的性能。

图 4-1 描述了 TF-IDF 方法与 CPC 方法的分类性能，横轴表示实验编号，纵轴表示各指标的值，各指标表示的含义与表 4-2 中各指标的含义相同。使用本书方法的查全率、查准率及 F1 值均比 TF-IDF 有所提高，各指标的曲线都比较平缓。这说明了每次分类结果都比较相近，同时也从另一方面反映了本书方法随着分类器的改进对文本分类的鲁棒性较好。

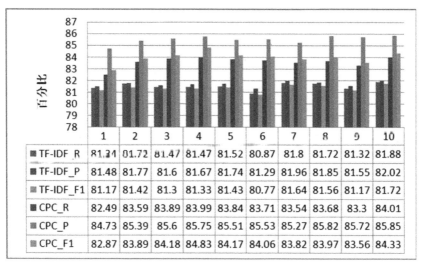

图 4-1　TF-IDF 和 CPC 方法分类性能比较

表 4-2　TF-IDF 和 CPC 方法 10 次实验结果准确率/召回率/F1 值测试

实验编号	TF-IDF_R	TF-IDF_P	TF-IDF_F1	CPC_R	CPC_P	CPC_F1
1	81.34	81.48	81.17	82.49	84.73	82.87
2	81.72	81.77	81.42	83.59	85.39	83.89
3	81.47	81.60	81.30	83.89	85.60	84.18
4	81.47	81.67	81.33	83.99	85.75	84.83
5	81.52	81.74	81.43	83.84	85.51	84.17
6	80.87	81.29	80.77	83.71	85.53	84.06
7	81.80	81.96	81.64	83.54	85.27	83.82
8	81.72	81.85	81.56	83.68	85.82	83.97
9	81.32	81.55	81.17	83.30	85.72	83.56
10	81.88	82.02	81.72	84.01	85.85	84.33
平均	81.51	81.69	81.35	83.60	85.52	83.97

2. 数据适应性实验

通过上述针对 Reuters-21578 语料的分析也可以看出，数据集中关于类别的分布往往是不均衡的，而在文本信息过滤过程中也存在这一问题，即正常信息数目远远大于垃圾信息的数目，这就要求权重计算方法能够更好地适应变化的、不均衡的语料集。

实验从 Reuters-21578 所有语料中（包括部分具有极少文档数的类别）依次选取 2000、3000、4000、6000、8000 篇文档进行学习和训练，并从这部分语料中再随机抽取 1000 篇作为测试语料。为减少分类器对数据分布的影响，本书采用 SVM 作为分类器，其原因在于文献[78]对比分析了 SVM、NB、KNN 等方法在样本分布受控情况下的健壮性及分类效果与数据分布之间关系，得出 SVM 和 KNN 对样本分布的健壮性要好于 NB 等方法的结论。

图 4-2 给出了上述测试集上的 F1 值。其中几种常用的权重计算方法比较结果来自于文献[79]，该文献充分比较了目前常用的几种权重计算方法 F1 值，本书选取了预备知识中列出的文档频数、信息增益、CHI 统计、互信息、期望交叉熵五种方法同本书提出的方法（CPC）进行比较。

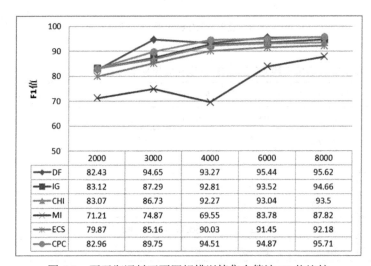

图 4-2 不平衡语料下不同规模训练集合算法 F1 值比较

从图 4-2 可以看出，本书所提出的权重计算方法随着数据集合的增大，其变化趋于平稳，并且维持在一个较好的位置。同时，变化也相较于其他方法更为稳定，也就是说本书所提出的方法具有更强的数据集合适应能力。

3. 时间复杂度实验

在文本信息过滤实施过程中，相比准确性而言，更多的用户关注过滤的时间复杂度，而作为特征权重计算方法，则是影响时间复杂度的一个重要因素，本书应用文献[57]中给出的实验方法和实验平台将本书改进算法同预备知识中阐述的常用方法在时间复杂度上进行了比较。DF 的运算复杂度最低，ECS 次之，CHI、

IG 计算复杂度相对高，这与文献[57]中关于时间复杂度的描述相一致。本书所表达方法在时间复杂度上则略显不足，但是，如果将该方法仅用于训练阶段进行计算，则可忽略时间复杂度问题。

第五节　小结

本章在分析常用特征权重计算方法的基础上，给出了一种综合计算文档权重、句子权重以及特征项权重的综合权重计算方法，并且通过实验加以验证。

第五章 基于自适应惯性权重混沌粒子群的特征子集优化方法

第一节 粒子群算法概述

一、粒子群算法基本原理

粒子群算法（Particle Swarm Optimization，PSO）是一种基于群体智能理论的优化算法，源于对鸟群觅食行为的研究。PSO 模型体现了鸟群中的社会信息共享机制，因此 PSO 算法也可看作对简化了的社会系统的模拟，群体中的信息共享是 PSO 算法的核心。

PSO 算法根据个体对搜索空间的适应度值大小对个体的优劣进行评价，其中，适应度函数的设定与解决的具体问题有关。与进化算法不同，PSO 算法不对个体使用进化算子，而是将每个个体抽象成搜索空间中没有体积和质量、只有速度和位置的粒子。假设在一个 D 维搜索空间中，有一个群体规模为 N 的粒子群落，其中每个粒子 $i(i=1,2,...,N)$ 在空间中的位置可表示为 $x_i=(x_{i1},x_{i2},...,x_{iD})$，粒子 i 的速度用 $v_i=(v_{i1},v_{i2},...,v_{iD})$ 表示，则粒子 i 在更新到第 t 代时，第 $d(d=1,2,...,D)$ 维子空间中的速度、位置更新方程如下：

$$v_{id}(t+1)=wv_{id}(t)+c_1 rand_1(p_{id}(t)-x_{id}(t))+c_2 rand_2(p_{gd}(t)-x_{id}(t)) \qquad (5-1)$$

$$x_{id}(t+1)=x_{id}(t)+v_{id}(t+1) \qquad (5-2)$$

式中，$p_{id}(t)$ 表示当前代粒子 i 的历史最优位置；$p_{gd}(t)$ 表示当前代种群的全局历史最优位置；w 为惯性权重，较大的 w 值有利于全局搜索，而较小的 w 值有利于局部开发；c_1、c_2 为加速因子，通常取值在 0~2 之间；$rand_1$、$rand_2$ 为服从 0~1 上均匀分布的两个相互独立的随机数。为防止在迭代过程中粒子冲出搜索空间，需要对速度及位置的取值范围加以限定，若限定 $|x_i| \leqslant x_{max}$，则可将速度设

为 $v_{max} = lx_{max}$，其中 $0.1 \leqslant l \leqslant 1.0$[80]。在每一次迭代过程中，种群根据适应度评价结果产生个体最优和全局最优，然后粒子跟随两个极值不断更新自身位置，直至找到全局最优解。粒子群算法的完整寻优流程如图 5-1 所示。

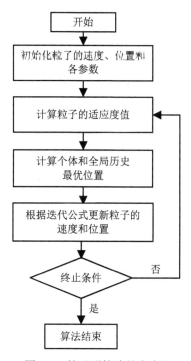

图 5-1　粒子群算法基本流程

二、粒子群算法的研究进展

与遗传算法类似，PSO 算法也是基于群体迭代的启发式算法。但 PSO 在搜索过程中没有交叉、变异操作，是通过个体间的行为交互。与遗传算法相比，PSO 算法需要调整的参数不多，结构简单，易于实现，但是作为一种新算法还有很多不完善的地方。针对算法的研究工作主要体现在以下几个方面[81]：

（1）算法参数的改进。算法的参数主要为速度公式中的惯性权重、学习因子及速度公式中引入其他参数。其中，惯性权重作为平衡 PSO 算法全局探测能力与局部开发能力的关键因素，受到了较为广泛的研究。

（2）拓扑结构的改进。不同拓扑结构对 PSO 算法的性能会产生很大的影响。目前的拓扑结构研究分为静态结构和动态结构两种。

（3）混合策略。将 PSO 算法与其他的算法或搜索技术相结合，取长补短，以实现全局优化，是一种有效经济的方法，也是当前研究的一大热点。

（4）基于生物行为的改进。PSO 算法来源于社会型群居动物的行为模拟，因此不少学者想到从自然界中生物行为出发研究其改进策略。

（5）算法的应用研究。由于粒子群算法具有很强的通用性，因此其应用领域也非常广泛。

粒子群算法的相关研究仍处于初级阶段，相对于其他较成熟的进化算法，PSO 算法仍缺乏系统的分析和坚实的数学基础。下一步将 PSO 及其改进算法应用于动态问题、离散问题、多目标问题以及将 PSO 算法与其他新型优化算法、生物领域成果相结合将是重要的研究方向。

三、目前研究中存在的问题

尽管实践证明粒子群优化算法有求解优化问题的能力，但是与其他智能算法类似，PSO 依然具有易陷入早熟收敛状况和局部寻优能力差等缺陷，在处理复杂多峰值问题时表现得尤为明显。

为了克服 PSO 的缺陷，优化算法的局部寻优能力，相关研究中已提出诸多改进策略，主要集中在两大方面，其中一类是对惯性权重的优化。以往研究中通常采用由 Shi Y 提出的线性递减惯性权重（Linear Decreasing Inertia Weight，LDIW）策略[82]，但是该策略无法适应复杂的非线性优化问题。目前相关学者已经针对惯性权重优化进行了一些研究和实验，诸如惯性权重的非线性递减[83]、自适应变化[84,85]、按指数规律变化[86]等，与标准 PSO 相比，这些方法能够提高收敛速度和优化精度。另一类比较常见的改进策略是粒子群算法与其他算法的融合。例如文献[87]把模拟退火算法思想引入 PSO 中，将 PSO 算法的全局搜索能力与模拟退火算法较强的局部搜索能力相结合。文献[88]将免疫算法中的基于浓度的抗体繁殖策略与粒子群优化算法相结合，对浓度高低不同的粒子分别进行抑制和促进，保持了粒子的多样性，寻优速度快。

但是实验表明，无论是对惯性权重的优化还是混合算法，都无法从根本上彻底解决早熟问题，改进算法依然有陷入局部最优的可能。针对上述问题，本章提出了一种基于自适应惯性权重的混沌粒子群算法。仿真实验结果表明：本章的改进算法能够有效地克服早熟收敛，在求解复杂多极值问题时，无论收敛速度还是寻优精度都要远远优于单一的粒子群算法。

第二节　基于自适应惯性权重的混沌粒子群算法

从式（5-1）可以看出，粒子不仅会延续自身先前的速度，还会被自身所发现的最佳位置及群体所经历的最佳位置所吸引。如果这两个最优位置恰好是局部最优，粒子将迅速向其靠近，失去搜索的多样性。由于标准 PSO 本身不存在使粒子跳出局部最优的机制，种群将陷入早熟而发生停滞。因此，增强搜索多样性、提高收敛速度以及使算法跳出局部最优就是改善算法性能的关键。本章的改进算法也是基于以上三个方面而提出的。

一、混沌序列初始化粒子位置

目前的粒子群算法大多采用随机方式对粒子的位置进行初始化，但这种方式有可能造成粒子分布程度的不均衡。由于混沌序列具有混沌运动的遍历性、随机性、规律性等特点，能在一定范围内按自身的规律不重复地遍历所有状态[89]，因此，本章采用混沌序列初始化粒子位置[90]，可加强种群的搜索多样性，为有效地进行全局搜索打下基础。

混沌模型有很多，目前最常用的 logistic 映射为：

$$\begin{cases} y(n+1) = \lambda y(n)(1-y(n)), \\ 0 \leqslant y(n) \leqslant 1, 3.56 \leqslant \lambda \leqslant 4, \ n = 0,1,2,... \end{cases} \tag{5-3}$$

式中，λ 为控制变量，当 $\lambda=4$ 时，系统完全处于混沌状态。

本章介绍另外一种混沌映射——立方映射[91]，其表达式如下：

$$\begin{cases} y(n+1) = 4y(n)^3 - 3y(n), \\ -1 \leqslant y(n) \leqslant 1, \ n = 0,1,2,... \end{cases} \tag{5-4}$$

在实际工程应用中，只要立方映射的迭代初值不为 0，混沌就会发生。

尽管 logistic 映射和立方映射产生的序列都是混沌的，但它们的均匀性是不同的。本章使用 MATLAB 进行仿真实验对两种映射的均匀性进行分析，图 5-2 是两种映射产生的混沌序列中的各点的分布情况。

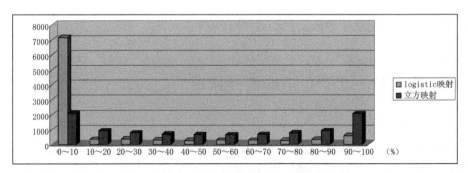

图 5-2　logistic 映射和立方映射序列分布图

图 5-2 横坐标表示混沌序列中各点的分布范围，即分别把 logistic 映射和立方映射的自变量取值范围(0,1)和(-1,1)均分成 10 等分，0～10%这一范围表示 logistic 映射(0,0.1)的取值区间，是立方映射的(-1，-0.8)的取值区间，以此类推。纵坐标表示落在相应取值区间内的点的个数。本章的仿真实验通过两种混沌映射分别产生 10000 个点进行测试，从图中可以看出，logistic 映射产生的混沌序列落在 0～10%，即 0～0.1 内的点有 7100 多个，其余 2900 个点分布在 9 个区间内，分布极不均匀，而立方映射产生的混沌序列落在 0～10%，即-1～-0.8 内的点有 2000 多个，较 logistic 映射而言，均匀性要好得多。因此本章的改进算法采用立方映射产生混沌序列。

对于 D 维空间中的 N 个粒子，首先随机产生一个 D 维向量，作为第一个粒子，其每个分量取值在(-1,1)内。然后将这个向量的每一维带入式（5-4）进行 $N-1$ 次迭代运算，这样就产生了其余 $N-1$ 个粒子。但由于立方映射产生的序列中 $y(n)$ 的取值在-1 和 1 之间，所以必须将其映射到粒子的搜索区间中，映射规则如下：

$$x_{id} = \min_d + (1 + y_i(d))\frac{(\max_d - \min_d)}{2}, \ i = 1,2,...,N; \ d = 1,2,...,D \qquad (5-5)$$

式中，$\max_d$ 和 $\min_d$ 分别表示搜索空间第 d 维的上下限，$y_i(d)$ 是利用式（5-4）产生的第 i 个粒子的第 d 维，则 x_{id} 即为第 i 个粒子在搜索空间第 d 维的坐标。

二、惯性权重的自适应变化

PSO 算法的搜索进程是十分复杂并且是非线性的。由于常用的惯性权重线性递减策略变化过于单一，因此它对复杂搜索过程的适应以及调节能力都十分有限。利用混沌序列初始化粒子位置后，种群搜索的多样性得到提高，但代价是会造成收敛速度的下降，此时如果依旧采取线性递减调整策略，必然会造成算法性能的下降。因此，本章采取一种自适应惯性权重调整策略，将惯性权重的变化与粒子自身适应值的变化联系起来，基本思想是当粒子适应度值的相对变化量增大时，使惯性权重值也相应增加，反之则减小。

定义粒子适应值的相对变化率 k：

$$k = \frac{f_i(t) - f_i(t-1)}{f_i(t-1)} \tag{5-6}$$

式中，$f_i(t)$ 表示第 i 个粒子在第 t 代时的适应度值。惯性权重的调整公式如下：

$$w_i(t) = (1 + e^{-k})^{-1} \tag{5-7}$$

式中，$w_i(t)$ 表示第 i 个粒子在第 t 代时的惯性权重值。由式（5-7）可以看出，粒子的惯性权重值在(0,1)内变化，当粒子适应值的相对变化率为 0 时，$w_i(t)$ 值为 0.5，当粒子适应值相对增加时，$w_i(t)$ 也相应增加，相反 $w_i(t)$ 值将随之减小。这种策略将加快粒子朝向最优位置飞行的速度，从而加快算法的收敛速度。

三、早熟判断机制及混沌扰动策略

无论是通过混沌序列初始化粒子位置还是对惯性权重的优化，所能达到的效果都是降低算法发生早熟收敛的可能性，却无法从根本上彻底解决早熟问题，算法依然可能陷入局部最优。早熟发生的原因是当群体中的某个粒子发现一个当前最优位置时，其他粒子将被其引导而迅速向其靠近，如果该粒子发现的是一个次优解，即局部最优，则整个群体将无法重新进行搜索从而陷入早熟。

本章将采用文献[92]提出的适应度方差对算法是否陷入早熟进行判断。设粒子数目为 N，种群的适应度方差 σ^2 为：

$$\sigma^2 = \sum_{i=1}^{N} \left(\frac{f_i - \overline{f}}{f} \right)^2 \tag{5-8}$$

其中，f_i 为第 i 个粒子的当前适应度值，$\overline{f}$ 为当前种群的平均适应度值，f 为归一化定标因子，它的取值有两个条件：①进行归一化后，种群中所有粒子的 $|f_i - \overline{f}|$ 的最大值要保证小于等于 1；②f 的具体取值采用如下公式。

$$f = \begin{cases} \max(|f_i - \overline{f}|), & \max(|f_i - \overline{f}|) > 1, \\ 1, & \text{其他}。 \end{cases} \tag{5-9}$$

群体适应度方差反映了种群中粒子的收敛程度，σ^2 越小，说明种群趋于收敛，当 σ^2 等于 0 时，种群中所有粒子的适应度值几乎相同，PSO 算法陷入早熟收敛或者达到全局收敛。本章采用 σ^2 的值小于某一设定阈值 C 来判断收敛，为排除全局收敛的干扰，还必须再加上另一个限定条件，即当前种群的最好适应度值 f_{best} 大于理论最优适应度值 f_d。

当满足陷入早熟的条件时，算法发生停滞，种群中的粒子没有能力打破僵局，此时需要给算法添加一个扰动[93]，赋予粒子跳出局部极值的动力。本章采取基于立方映射的混沌扰动机制，其基本思想是使用本章前节中介绍的方法，首先随机产生 1 个 D 维向量，作为第一个粒子，然后对于该向量的每一个分量，利用式（5-4）经 $r-1$ 次迭代，得到其余 $r-1$ 个粒子，本章取 r 为粒子总数的 60%，将新生成的这 r 个粒子位置通过式（5-5）映射到种群的搜索空间中，替换掉算法停滞时种群中适应值最差的 r 个粒子的位置，随后继续按照式（5-1）、式（5-2）进行更新迭代。

四、算法流程

综合本章前面介绍的相关内容中的基本原理，基于自适应惯性权重的混沌粒子群算法的基本流程如下：

Step1：初始化惯性权重 w_0，加速因子 c_1、c_2，种群规模 N，最大迭代次数 N_m，确定搜索空间 $[-x_{max}, x_{max}]$ 以及最大速度 v_{max}。

Step2：随机产生一个每个分量取值在(-1,1)范围内的 D 维向量，作为第 1 个粒子，使用式（5-4）经 $N-1$ 次迭代生成其余 $N-1$ 个粒子，再将这 N 个粒子的位置通过式（5-5）映射到种群的搜索空间，记为 x_{id}，$i=1,2,...,N; d=1,2,...,D$。初始化粒子速度。

Step3：计算各粒子适应度值。将粒子自身最优位置 p_{id} 设为其当前位置，全局最优位置 p_{gd} 设为初始种群中最优粒子的位置。

Step4：使惯性权重 w 按式（5-7）进行更新，按照式（5-1）、式（5-2）更新粒子的速度和位置，更新 p_{id} 以及 p_{gd}。计算当前种群的适应度方差 σ^2，如果满足 σ^2 小于设定的阈值 C 且当前种群的最好适应度值 f_{best} 大于理论最优适应度值 f_d，转向 Step5，否则转向 Step6。

Step5：计算需要更替的粒子数 r，采取与 Step2 中初始化粒子位置类似的操作产生 r 个新粒子，替换掉当前种群中适应值最差的 r 个粒子，然后转向 Step4。

Step6：如果未达到预先设定的最大迭代次数 N_m，则转向 Step4，否则执行 Step7。

Step7：输出 p_{gd} 及 f_{best}，算法运行结束。

五、实验与分析

为验证本章改进算法的效果，采用以下几种经典的测试函数对算法进行测试。

（1）Sphere 函数：

$$f_1(x) = \sum_{i=1}^{30} x_i^2, x_i \in [-100, 100]$$

（2）Rosenbrock 函数：

$$f_2(x) = \sum_{i=1}^{29} 100 \times (x_{i+1} - x_i^2)^2 + (1 - x_i)^2, x_i \in [-100, 100]$$

（3）Rastrigrin 函数：

$$f_3(x) = \sum_{i=1}^{30} (x_i^2 - 10\cos(2\pi x_i) + 10), x_i \in [-5.12, 5.12]$$

（4）Schaffer 函数：

$$f_4(x) = \frac{\sin^2 \sqrt{x_1^2 + x_2^2} - 0.5}{[1 + 0.001(x_1^2 + x_2^2)]^2} + 0.5, x_i \in [-100, 100]$$

式中，Sphere 函数、Rosenbrock 函数为单峰高维函数，Rastrigrin 函数为多峰高维函数，Schaffer 函数为多峰低维函数。

六、对本节三种改进策略的测试

本节的实验方法是在标准 PSO 即采用惯性权重线性递减策略的 PSO 算法（Standard Particle Swarm Optimization，简称 SPSO 算法）的基础上，首先仅用基于立方映射的混沌序列对粒子位置进行初始化（Chaos Initialization Particle Swarm Optimization，简称 CIPSO 算法），记录实验结果；然后在 SPSO 基础上，仅进行早熟判断并进行混沌扰动（Chaos Perturbation Particle Swarm Optimization，简称 CPPSO 算法），记录实验结果；最后仅采用自适应指数惯性权重方法（Adaptive

Inertia Weight Particle Swarm Optimization，简称 AWPSO 算法）进行实验，并记录结果。将三种改进措施的实验结果分别与 SPSO 算法的结果进行对比。

实验中，取粒子总数 N =30，加速因子 $c_1 = c_2 = 2$ ，最大迭代次数 N_m =3000，SPSO 算法的惯性权重从 0.9 线性递减至 0.4，CPPSO 算法中混沌扰动需要更替的粒子数 $r = 0.6N$，共进行 30 次实验。实验结果见表 5-1。

表 5-1　四种算法的比较

测试函数	SPSO		CIPSO		CPPSO		AWPSO	
	平均最优值	标准差	平均最优值	标准差	平均最优值	标准差	平均最优值	标准差
f_1	1.5805e-16	2.6490e-16	8.3148e-17	1.6579e-16	2.7314e-18	9.2268e-18	7.1499e-25	3.2608e-24
f_2	1.6756e+5	3.7868e+5	6.7120e+4	2.5335e+5	2.9288e+0	7.4032e+0	7.5902e+1	6.7441e+1
f_3	5.2025e+1	1.4108e+1	3.7752e+1	1.3712e+1	1.7764e-16	5.4202e-16	4.7331e+1	1.2828e+1
f_4	1.2622e-1	3.5953e-2	1.1243e-1	2.6313e-2	1.6509e-2	1.7683e-2	9.7710e-2	2.4316e-2

从表 5-1 中可以看出，三种改进策略无论是从 30 次实验取得的平均最优适应度值还是算法的鲁棒性来看都要优于标准 PSO 算法。CIPSO 算法采用立方映射产生混沌序列，实现了粒子初始位置在搜索空间的均匀分布，保证了搜索多样性；而 AWPSO 算法中惯性权重随粒子适应值变化而变化的策略，提高了算法收敛速度，这在 Sphere 函数中表现得尤为明显。由于 Sphere 函数只有一个峰值，不会使算法收到局部极值的干扰，因此 AWPSO 算法可以迅速取得明显优于其他算法的结果。但是，表 5-1 中数据显示，以上两种策略的改进效果都不如 CPPSO 算法明显，这是由于以上两种算法都无法从根本上解决早熟问题，在解决复杂多峰值问题时依然有陷入局部最优的可能。而由于 CPPSO 算法可以有效地跳出局部极值，在解决复杂多峰值问题时，优势明显。

七、与其他算法的比较

本部分将 CIPSO 算法、AWPSO 算法及 CPPSO 算法中的改进策略结合起来，形成的综合改进策略将每种算法的优势叠加，以达到最优效果。为了验证综合改进策略的有效性，将本部分算法与文献[90]提出的高速收敛的粒子群算法以及标准粒子群算法（SPSO）进行比较，参数设置与文献[90]一致，最大迭代次数 N_m =3000，进行 20 次实验。四种算法在相关测试函数上的收敛曲线图，如图 5-3

至图 5-6 所示。由图可知，本部分提出的综合改进算法收敛曲线的下降速度要明显快于其他两种算法，并且获得了更低的目标函数值。因此，本部分算法的优化能力要强于高速收敛 PSO 和 SPSO。

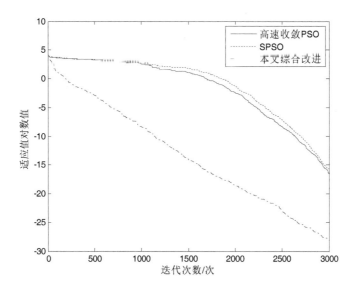

图 5-3　Sphere 函数的收敛性能比较

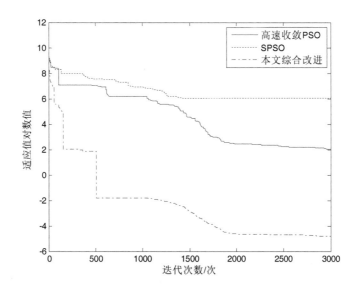

图 5-4　Rosenbrock 函数的收敛性能比较

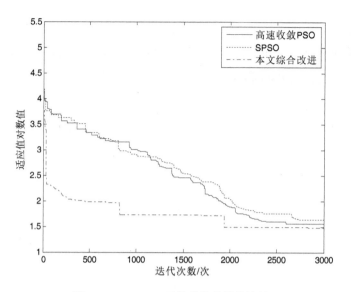

图 5-5　Rastrigrin 函数的收敛性能比较

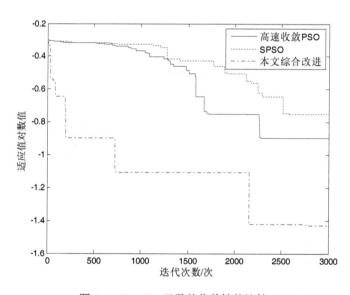

图 5-6　Schaffer 函数的收敛性能比较

　　大规模数据处理在信息急剧膨胀的当今是一项非常重要的课题，而特征选择作为其中一项关键技术，受到了学者们的广泛关注。从高维的原始特征空间中选取出最能代表问题空间的最优特征子集，不仅可以降低分类算法的计算代价，还可以提高分类精度。而最优特征子集的选取过程实质上是一个组合优化问题，解决组合优化问题的方法有很多种，其中粒子群算法作为一种概念简单、易于实现的群体智能优化算法，近年来被许多学者应用于组合优化领域，并取得了一定成果。

目前将 PSO 应用于特征选择的相关研究中，根据适应度函数定义的不同，大致可分为两类。

（1）评价标准独立于分类性能。倪霖等[94]使用距离准则作为判断依据，即类间距离越大，类内各样本间的距离越小，则该特征子集更优越。朱颢东等[95]引入了粗糙集理论中属性约简方面的知识，倾向于选择被选取的属性集 $B(x)$ 中元素个数越少，对类集 D 的支持度越大的特征子集。

这类算法使用合适的准则来评价特征子集的优劣，优点是计算效率较高，但无法保证选择出一个规模较小的优化特征子集，有引入噪声的可能，并且有可能和后续分类算法的性能有较大偏差。

（2）以分类性能作为最优子集评价标准。比较有代表性的如乔立岩等[96]使用 SVM 分类器 10 阶交叉验证的结果及所选特征个数共同决定最优子集的选取，目标是使用少量的特征达到更好的分类效果。

这类方法和使用的分类器有很大关系，因为是用所选特征直接来训练分类器，根据分类器在实验数据集上的表现来评价所选特征子集。其计算代价比第一类方法要大，但是有可能获得规模较小的最优特征子集。

结合两类算法各自的特点，本部分提出一种基于相似度、分类准确率及特征个数的适应度评价体系。同时，由于标准粒子群算法（线性惯性权重粒子群算法）具有无法适应复杂非线性搜索环境、易陷入早熟等缺陷，本部分将采用前文提出的基于自适应惯性权重的混沌粒子群算法对特征子集进行优化。另外，考虑到每一代都需要训练分类器，将增加算法的时间复杂度，本部分还采用并行计算方法进行加速。实验结果表明，用本部分提出的算法进行特征选择，能够有效而且快速地抽取出问题空间的最优特征子集。

第三节　应用混沌粒子群算法的特征子集优化模型

粒子群算法将问题域中的每个可行解看作群体中的一个粒子，采用适应度函数对粒子进行评价，每个粒子根据自身最优经验和群体最优经验向问题域中的更好位置飞行，通过迭代更新找到全局最优解。但由于标准粒子群算法采用的线性递减惯性权重策略难以适应复杂非线性环境，算法后期易陷入早熟，很难获得问题的最优解。由于混沌系统具有较好的遍历性，前文我们利用混沌序列初始化粒子位置，以加强搜索多样性，当早熟发生时对种群进行混沌扰动。同时考虑到搜索环境的复杂性，以自适应惯性权重更新策略代替线性递减策略，提高了算法性能。将改进 PSO 算法应用于特征子集优化实质上是将各特征集合看作粒子，根据设定的适应度函数对其进行评价并进行迭代更新，最终输出最优集合的过程。这一过程中需解决以下关键问题：粒子编码及初始种群的生成、粒子速度和位置的更新及适应度函数的设定。

一、粒子编码及初始种群的生成

在解空间中，一个粒子即代表特征集合选取的一种可能。采用常用的二进制编码方式对粒子进行编码，假设经过特征预选的特征集合为 $C = \{c_1, c_2, c_3, ..., c_D\}$，其中 D 为特征总数，则每个粒子都可表示为一个长度为 D 的二进制串，其每一位代表一个特征，值为 1 代表该特征被包含在最终的特征子集中，0 代表该特征不被包含，此二进制串即粒子的位置。为了在算法寻优结束后，根据最优粒子较方便地获取被选中的特征词的相关信息，本书还建立了一个特征词对照表 *candidateword* ，表中每个个体 *candidateword*[*i*] 结构如下：

$$[Word \quad Wordf \quad Worddf \quad Wordw]$$

式中，*Word* 为每个候选特征词的名称，*Wordf* 为该词的词频，*Worddf* 为该词的文频，*Wordw* 为该词的权重。特征词对照表 *candidateword* 为：

$$\{candidateword[1] \ candidateword[2]...candidateword[D-1] \ candidateword[D]\}$$

粒子群算法寻优结束后，将最优粒子位置与 *candidateword* 执行与操作后，即可输出最终的最优特征子集。

初始种群的分布是决定 PSO 算法最终收敛性能的重要因素之一，采用随机初始化方法可能导致初始种群中部分粒子远离最优解，从而降低收敛效率。因此本章采用第三章提出的混沌初始化方法，利用混沌系统的遍历性，实现粒子在搜索空间的均匀分布，提高种群质量，加强搜索多样性。

假设 D 维空间中存在 N 个粒子，即 N 个特征子集，首先随机生成一个各分量取值在(-1,1)内的 D 维向量 $(x_{01}, x_{02}, x_{03}, ..., x_{0D})$，作为初始粒子，然后将以上各分量分别代入式（5-4）定义的立方映射公式进行 m 次迭代，依次产生 m 个粒子 $(x_{m1}, x_{m2}, x_{m3}, ..., x_{mD})$，再将 $(x_{mi}, i=1, 2, ..., D)$ 代入式（5-10）：

$$f(x_{mi}) = \begin{cases} 1, & |x_{mi}| \geqslant 0.5 \\ 0, & |x_{mi}| \leqslant 0.5 \end{cases} \tag{5-10}$$

由此得到了 m 个 D 维的二进制向量，即 $\left(f(x_{m1}), f(x_{m2}), f(x_{m3}), ..., f(x_{mD}) \right)$。由于迭代次数越多，混沌系统的遍历性越好，为使混沌变量能较充分地遍历，迭代次数 m 取 500 左右[97]，最后从 m 个粒子中选择适应度较高的 $N(N < k)$ 个粒子作为初始种群。

二、粒子速度及位置的更新

标准 PSO 中，粒子根据式（5-1）、（5-2）不断调整自身在解空间中的速度及位置而向最优解靠近。从式（5-1）可以看出，粒子速度更新的关键是要计算出粒子自身历史最优位置 p_{id} 和粒子当前位置 x_{id} 间的距离 $p_{id} - x_{id}$ 以及全局最优位置 p_{gd} 和粒子当前位置 x_{id} 间的距离 $p_{gd} - x_{id}$。由于粒子位置由 0、1 二进制串表示，两个粒子位置间的距离可由它们对应的二进制位的不同来衡量。

若 $p_{id}(t) = \{1,0,1,1,0,0,0,1,1,1\}$，$p_{gd}(t) = \{0,1,0,0,1,1,0,1,0,1\}$，$x_{id}(t) = \{1,0,0,1,0,0,1,0,1,0\}$，则 $p_{id}(t) - x_{id}(t) = \{0,0,1,0,0,0,-1,1,0,1\}$，$p_{gd}(t) - x_{id}(t) = \{-1,1,0,-1,1,1,-1,1,-1,1\}$，其中 1 表示在粒子自身历史最优位置或全局最优位置中，该特征被选择，但在粒子当前位置中未被选择，-1 表示该特征已被最优位置剔除，但仍包含在当前位置中，0 表示该特征在粒子当前位置中的状态与最优位置保持一致。由于位置间距离的取值，速度可能出现值为负的情况，由于速度只能为正值，故取式（5-11）的绝对值形式。

$$v_{id}(t+1) = abs\left(w v_{id}(t) + c_1 rand_1(p_{id}(t) - x_{id}(t)) + c_2 rand_2(p_{gd}(t) - x_{id}(t)) \right) \tag{5-11}$$

为避免速度过大或过小使算法寻优效果下降，本书限制速度取值范围为 $[1, v_{max}]$，其中取 v_{max} 为 $D/3$ [98]，惯性权重 w 采用前文提出的自适应变化形式，如式（5-7）所示。

粒子按照式（5-2）调整自身当前位置，由于速度向量的每一维是浮点数，而位置向量是二进制的形式，因此迭加之后的结果需要进一步处理。假设当前 $x_{id}(t) = \{1,0,0,1,0,0,1,0,1,0\}$，$v_{id}(t+1) = \{5.3, 3, 4.6, 5.2, 5.7, 6, 3.8, 4.9, 4.5, 3.4\}$，则 $x_{id}(t+1) = \{6.3, 3, 4.6, 6.2, 5.7, 6, 4.8, 4.9, 5.5, 3.4\}$。对粒子位置首先采取舍尾取整策略[99]，

即舍掉每一维的小数部分取整数，则 $x_{id}(t+1)=\{6,3,4,6,5,6,4,4,5,3\}$，然后对其进行模 2 运算，更新后的位置向量为 $\{0,1,0,0,1,0,0,0,1,1\}$。

三、适应度的评价

粒子群算法在优化过程中，完全依靠适应度函数来评价个体的优劣，因此适应度函数的选取极为重要。适应度函数的定义方式取决于所解决问题的性质，由于本书的目的在于应用粒子群算法对各类别特征子集进行优化，最终得到各类别的最优个体作为类别模板，该模板应不仅能够代表某篇文本的特征，还代表相同类别的其他文本的特征。因此采用个体相似度作为适应度评价标准是可行的[100,101]，在同一类别中，某一个体与其他个体间相似度越大，代表该个体越能代表该类别的特征。另外，最优特征子集的选取目标是使用更少的特征，取得相同或更高的分类准确率，因此特征个数和分类准确率也是适应值评价体系中必须考虑的因素。基于此，本书适应值的评价体系包括三部分内容：

（1）所选特征子集的相似度，记为 *Avesim[i]*。

（2）所选特征子集在特定分类器上的分类准确率，记为 *Accuracy[i]*。

（3）所选特征子集中的特征个数，记为 *FNum[i]*。其中，本书将特征相似度值作为分类准确率的权重系数，并以此来指导粒子群的搜索。下面给出各部分的具体定义。

定义 1：个体相似度。

个体间相似度用两个空间向量的夹角余弦来表示。对于两个待优化的特征子集 *particle[i]* 和 *particle[j]*，其相似度可用式（5-12）表示：

$$similarity(particle[i], particle[j]) = \cos < particle[i], particle[j] >$$
$$= \cos < weight[i], weight[j] >, \ i \neq j \quad (5\text{-}12)$$

式中，*weight[i]* 和 *weight[j]* 分别是个体 *particle[i]*、*particle[j]* 解码后的权重向量。

定义 2：平均相似度。

本书采用平均相似度来衡量某一个体与其他所有个体的相似水平。个体平均相似度定义如下：

$$Avesim[i] = \frac{\sum_{j=1}^{N} \cos < weight[i], weight[j] >}{(N-1)}, \quad i \neq j \tag{5-13}$$

式中，N 为个体总数。

定义3：带相似度权重系数的分类贡献度。

$$Contribution[i] = Avesim[i] \times Accuracy[i], \quad Accuracy[i] = \frac{m}{n} \tag{5-14}$$

式中，分类准确率 $Accuracy[i]$ 用所选的特征子集正确分类的测试样本数 m 与测试样本的总数 n 的比值表示。

在粒子进行适应值更新时，如果两个特征子集的分类贡献度相同，则含特征个数少的特征子集被选择。但是对于部分分类贡献度相对较低但特征个数较少的特征子集，其可能与最优特征子集已经非常接近（两者仅有一个特征不同），在之后的迭代更新中继续利用这些特征子集会增加种群搜索到最优特征子集的可能性。因此，在分类贡献度允许的范围内，本书保留部分分类贡献度相对较低但特征个数较少的特征子集，继续参与种群的迭代更新。

针对这种情况，本书采用一种引导关系来判断粒子优劣。给定一个正数 δ，对于任意的两个粒子 i、j，如果满足以下条件之一：

（1）$FNum[i] = FNum[j]$ 且 $Contribution[i] > Contribution[j]$。

（2）$FNum[i] < FNum[j]$ 且 $Contribution[i] \geq Contribution[j] - \delta$。

则称粒子 i 引导粒子 j，即粒子 i 优于粒子 j。特别地，当 $FNum[i] = FNum[j]$ 且 $Contribution[i] = Contribution[j]$ 时，称粒子 i 等价于粒子 j，即两者优劣程度相同。正数 δ 的大小反映了对分类贡献度的要求，对分类贡献度要求越高，δ 值越小。

假设第 t 代粒子 $x_{id}(t)$ 的当前个体最优值为 $p_{id}(t)$，$t+1$ 代粒子更新为 $x_{id}(t+1)$，则个体最优值按以下原则更新：若 $x_{id}(t+1)$ 引导 $p_{id}(t)$，则 $t+1$ 代个体最优值 $p_{id}(t+1)$ 为 $x_{id}(t+1)$；若 $x_{id}(t+1)$ 等价于 $p_{id}(t)$，则 $p_{id}(t+1)$ 可取 $x_{id}(t+1)$ 和 $p_{id}(t)$ 其中之一；否则 $p_{id}(t+1)$ 取 $p_{id}(t)$。全局最优值为所有个体最优值根据引导关系两两比较后得到的最优值。

四、并行计算加速机制

由于适应度评价体系中包含分类准确率，需要在粒子更新的每一代对分类器进行训练，这必然会加大计算复杂度，导致算法效率降低。因此本书引入并行计算技术，以并行方式计算粒子的适应值，以缩短计算耗时，提高算法效率。具体思路是将需要计算适应度值的粒子发送给各处理机，在各处理机上并行计算适应度，然后将计算好的适应度值发送给主处理机。其中，各处理机负责计算适应度值的粒子个数由处理机个数决定，当粒子个数 N 能被处理机个数 P 整除时，每台处理机负责的粒子个数为 N/P；不能整除时，将平均分配后剩余的粒子给部分处理机多发送一个，以保证各处理机分配到的粒子个数只相差 1，尽可能实现负载均衡。

但是由于实验条件的限制，我们很难在计算机集群中验证并行算法。而面向对象语言 Java、C#、C++等提供了多线程编程技术，使得我们可以使用多线程来模拟多台处理器进行并行运算。本书采用 C#多线程编程进行模拟。

五、混沌粒子群算法获得最优特征子集的流程

综合本章第二节的基本原理，最优特征子集的生成过程如下：

（1）初始化加速因子 c_1、c_2，种群规模 N，最大迭代次数 N_m 及惯性权重 w_0，确定最大速度 $v_{\max}$，初始化迭代次数 $t=1$。

（2）按照本章第二节提出的混沌初始化方法生成 N 个长度为 D 的二进制串，形成特征子集集合，其中 D 为特征总数。

（3）主程序将生成的粒子及其个体最优点按照本章第二节的方法分配给各线程，各线程利用粒子确定的特征子集计算平均相似度值，并训练分类器计算分类准确率，得到带相似度权重系数的分类贡献度值。

（4）各线程根据本章第二节提出的引导关系更新各粒子的个体最优值 p_{id}，并向主程序发送计算结果。

（5）主程序得到当前代个体最优值集合，由本章第二节提出的方法确定当前代种群的全局最优值 p_{gd}。

（6）根据式（5-7）更新惯性权重 w，按照式（5-2）、式（5-11）更新粒子的速度和位置，更新 p_{id} 以及 p_{gd}。若算法发生早熟（早熟判断机制与本章第二节中定义相同），则转向（7），否则转向（8）。

（7）使用与混沌初始化相同的方法重新生成 r 个粒子，分配给各线程，代替各线程中适应值最差的部分粒子，替代数目与各线程分配到的新粒子个数相同。

（8）若迭代次数满足 $t \geq N_m$，则算法终止，输出最优粒子对应的特征子集，否则 $t = t+1$，转向（4）。

六、实验与分析

为验证本书最优特征子集选取方法的有效性，本书设计了两组实验：

（1）本书方法与传统方法在特定分类器上的比较。

（2）并行机制的效率测试。

1. 实验语料

本书选用复旦大学李荣陆整理的中文文本分类语料库[102]，该语料库分为训练文档集和测试文档集两部分，每部分分别有 20 个相同类别的文档，其中训练文档 9804 篇，测试文档 9833 篇。本书去除文档数量不满 800 篇的 14 个类别，选取经济、政治、农业、环境、体育及计算机等 6 个类别的文档作为实验语料。由于本书的方法将在文本分类的基础上最终实现不良信息过滤，因此从网上自行收集暴力、色情两个类别的文档。实验语料各类别文档的分布情况见表 5-2。

表 5-2 实验语料各类别文档数统计

类别	经济	政治	农业	环境	体育	计算机	暴力	色情
训练文档数	1600	1024	1021	1217	1253	1357	274	198
测试文档数	140	140	140	140	140	140	140	140

2. 实验环境及参数设置

本书的相关实验是在一台台式计算机上进行的，其配置如下：处理器为 Intel(R) Core(TM) i3-2120 CPU 3.30GHz，内存 2GB，硬盘 500GB。开发平台为 Visual Studio 2008，编程语言为 C#。

实验中粒子规模 N 取 40，最大迭代次数 N_m 取 1000，δ 取 0.005，最大速度 $v_{max} = 20$。

3. 评价指标

为验证并行算法的性能，本书采用相对加速比和效率作为评价标准。相对加速比 $S_P = T_1/T_P$，T_1 指算法在单一节点上的运行时间，T_P 是算法在多节点上的运行时间，在本书中 T_1、T_P 分别指算法在单线程和多线程上的运行时间。效率 $E_P = S_P/P$，P 为线程的个数。

4. 实验结果与分析

（1）本书方法与其他方法的对比。为验证本书特征子集优化方法的效果，将本书算法与文献[103]中提出的优化方法进行比较，对比情况如图 5-7 所示。

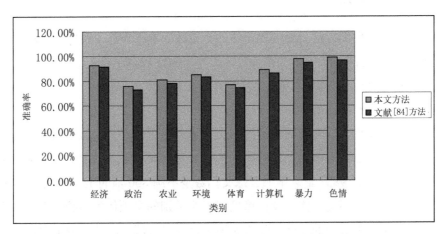

图 5-7　本书方法和文献[103]方法分类准确率比较

从图 5-7 中可以看出，使用本书方法优化特征子集形成的过滤模板具有更好的分类效果。这主要是因为本书的粒子群适应度评价体系是基于带相似度权重系数的分类准确率以及所选取的特征个数，在粒子寻优的每一代都会对分类器进行训练。这样可以保证最终得到的是一个规模较小且分类性能较好的最优特征子集。

（2）并行机制的效率测试。

表 5-3 列出了在不同线程数时算法的运行时间、相对加速比和效率。从表中可以看出，随着线程数的增多，算法速度明显加快。当线程数是粒子个数的约数时，算法效率较高，这是因为此时各线程分配到的粒子个数相等，负载较均衡，主线程不需要单独等待某个子线程。当线程数不是粒子个数的约数时，各子线程的工作量是不同的，完成时间也有差异，所以主线程需等待各子线程全部完成后才开始工作，因而效率会相应降低。另外，随着线程数的增多，各子线程的工作量会减少，数据传输时间和总时间的比值增大，效率降低，这说明并不是线程个数越多越好，而是要寻求加速比和效率的均衡，以免造成资源浪费。

表 5-3　不同线程数时算法的运行时间、相对加速比和效率

线程数	运行时间/s	相对加速比	效率
1	579	1.00	1.00
2	294	1.97	0.99
4	151	3.83	0.96
8	79	7.33	0.92
12	58	9.98	0.83
16	47	12.32	0.77
20	33	17.55	0.88

第四节　小结

本章针对 PSO 算法易陷入早熟的缺陷，提出了一种基于自适应惯性权重的混沌粒子群算法，并将其应用于最优特征子集选取中，从而构建了用户过滤模板。本章详细介绍了特征子集优化所需解决的各种问题如粒子编码和初始种群生成、粒子速度及位置的更新、适应度评价方法等的具体设计方案，并进行了实验验证。

第六章　基于模糊遗传算法的文本信息 过滤模板生成方法

第一节　引言

内容过滤处理的对象是真实文本，它以对文本的基本理解为基础，通过表征文本内容的特征信息来判断文本主题。而关键词是反映文本内容的基本元素，因此内容过滤系统一般采用关键词来表达过滤需求。对于利用关键词表达过滤需求的系统，相应的匹配算法有布尔模型、向量空间模型和概率模型。其中，向量空间模型把过滤过程简化为空间向量的运算，使问题的复杂性大大降低。而且该模型只是提供了一个理论框架，它可以使用不同的权重评价函数和相似度计算方法，具有很强的灵活性。

遗传算法[104]自 20 世纪 70 年代产生以来，很多机构和研究人员对其进行了广泛而深入的研究，取得了很多重要的研究成果，并使其应用领域迅速推广到优化、搜索、机器学习等方面，逐渐发展成为一种通过模拟自然进化过程解决最优化问题的计算模型。

基于内容的文本信息过滤是机器学习的重要组成部分，最早将遗传算法应用于机器学习是用来解决一些较为简单的学习问题，例如 Holland 和 Reitman 提出的 CS-1 系统[105]中将遗传算法首次应用于求解迷宫问题，Goldberg[106]则将遗传算法应用到工程控制中，这些研究产生了真正意义上的基于遗传算法的机器学习（Genetic-based Machine Learning，GBML）。

研究中发现，将遗传算法引入文本信息处理特别是中文文本信息过滤的研究很少，主要集中在应用遗传算法进行特征选择以及将遗传算法应用于生成模板的实际应用。2000 年，BURNS & DANYLUK[107]首次将遗传算法应用到特征选择，接着，PAN Li 等[108]将基于遗传算法的特征选择引入文本分类领域，此后很多研究者提出了很多改进方案，课题组[109]也提出了一种自适应遗传算法并将其应用到特征选择中。

近年来遗传算法在中文文本信息过滤中的应用研究除了吕志龙[110]等人在做外，就是作者所在课题组基于遗传算法的文本分类和过滤模型的构建及其改进[111]。在吕志龙等人的研究中，只是将遗传算法应用到模板优化，并没有直接应用遗传算法生成模板，而作者所在课题组的前期研究则着重于具体实现，并没有从理论上进行相应的证明。

本章针对应用遗传算法解决中文文本信息过滤问题建立了相应的问题模型，并在理论上证明其可行性。同时，本节还引入了自适应策略解决实际应用过程中存在的问题。

第二节　遗传算法的起源与历程

遗传算法是借鉴了自然选择学说和遗传机制的随机搜索优化算法[70]，是由美国 Holland 在 20 世纪 70 年代基于达尔文生物进化论的自然选择学说和群体遗传学原理而提出的一种随机全局优化算法。达尔文的进化论揭示了生物进化过程中的一个一般规律——更能适应自然环境的群体会有更大概率产生后代群体，这就是所谓的"物竞天择，适者生存"的道理。自然选择是生物得以进化的推动力与生存机制，父代通过将其特性和性状遗传给子代来实现生命的延续。它是将工程科学与自然遗传学说相互交叉、相互渗透结合而形成的一种新的计算方法。

Fechenberg 在 20 世纪 60 年代提出的进化策略（Evolutionary Strategies，ES）、Fogel 于 1966 年提出的进化规划（Evolutionary Programming，EP）和遗传算法共同构成了现在演化计算领域的三大分支。在遗传算法中关注交叉操作，ES 和 EP 两种方法起初仅依靠变异算子实现进化过程。渐渐地，这些方法开始相互借鉴，有了相互融合的趋势。

我们可以将遗传算法分为以下几个阶段。

（1）兴起阶段。该阶段中我们可以通过以下重要事件加以描述（表 6-1）。

（2）发展阶段。该阶段主要指 20 世纪 80 年代，遗传算法在理论与应用上都取得了进一步的发展。Holland 教授设计并实现了第一个以遗传算法为基础的分类系统，此应用不仅在分类器领域提出了一个较为完整的框架，也开创了遗传算法机器学习的先河。David Goldberg 的著作 *Genetic Algorithms in search，optimization and Machine Learning* 完成了对遗传算法研究的总结，也奠定了算法继续研究的依据和基础。斯坦福大学的 Koza 在计算机编程领域创造性地采用层次化设计方法，解决了算法实现中遇到的诸多难题。

表6-1 重要事件

时间	人物	事件
1965 年	J. H. Holland	将自然界中的遗传操作概念应用到了人工系统中，并对其自适应行为等进行了研究
1967 年	J.D Bagley	在博士论文中首次使用"遗传算法"这一词汇，同时还对遗传算法中的交叉、变异等算子进行了拓展
1968 年	J. H. Holland	提出了一个奠定遗传算法理论基础的基本定理——模式定理，由此完成了从理论上对遗传算法的支持
1975 年	J. H. Holland	出版专著 *Adaptation in Natural and Artificial Systems*，该书详细论述了遗传算法的基本理论与方法，并对已提出的模式定理进行了系统化论述
1975 年	De Jong	在博士论文《一类遗传自适应系统的行为分析》中首次将遗传算法应用到函数优化中，提出了 De Jong 五函数测试平台

（3）高潮阶段。遗传算法经过了兴起阶段的主要理论研究，又经过了 20 世纪 80 年代的总结以及对编程问题的解决，到 20 世纪 90 年代，该算法的优势已经逐渐显现，特别是在与人工神经网络结合后，在不同领域逐渐得到重视和应用。

第三节　遗传算法的特点

遗传算法可以应用到很多问题中，仅需要相应的编码，而不需要涉及具体问题。概括来说，遗传算法的主要特点可以总结如下：

（1）遗传算法从问题解域着手搜索。遗传算法需先将待求解问题的实际值编码为统一的编码形式，再通过借鉴生物学中基因染色体等形式对问题解进行优化运算。这使得遗传算法特别适合优化复杂、无数值概念的问题等。同时，由于较一致的编码形式，也使得算法更加易于实现。

（2）遗传算法使用适应度函数评估个体。传统优化搜索算法需要目标函数值甚至是该函数导数值牵引，从而确定搜索的方向。而遗传算法可以仅将问题的目标函数值转变为适应度函数值使用，即可以确定搜索的方向。因此，遗传算法也很适合那种无法或者是很难求得目标函数倒数的问题。同时，直接利用目标函数值作为搜索牵引，可以更好地集中搜索能力，提高搜索的效率。

（3）遗传算法搜索的并发性。传统优化算法一般仅是从解空间中某一个初始点开始迭代搜索，搜索效率很低，并且极易陷入局部最优。遗传算法的搜索机制从根本上来说存在着隐并发性，是以种群为单位的迭代形式，而非个体。相对传统优化算法，遗传算法更能实现对搜索空间的有效搜索。

（4）遗传算法的概率搜索机制。遗传算法没有采用确定性规则来指导搜索方向，而是使用自适应随机性规则来完成对解空间全局性的搜索，从而增加了搜索的灵活性。从整体上看，始终都是优良个体代替适应度不高的个体的过程。实践和理论都已证明：一定条件下，遗传算法总能以概率 1 收敛到最优解。

第四节　遗传算法的基本要素与原理

一、遗传算法的基本要素

纵观整个算法过程，本书将遗传算法分为五个基本要素并加以说明。

1. 编码

编码在遗传算法中有着十分重要的地位，它是把需求解问题的解空间中的可行解看作诸多染色体集合，并最终通过编码形式进行体现。通常情况下，采用二进制或实数等形式进行编码，编码是衔接实际问题与算法运算的桥梁。因此，在编码方式选择上通常需要考虑很多的因素，如此种编码方式能否覆盖解空间，此种编码方式是否适合遗传操作的完成，等等。

2. 初始群体

初始种群指的是问题的一组可行解，它是对生物界中种群的一种模拟。在接下来的遗传算法操作中，将主要在这一个范围内运算，种群中染色体的个数与分布情况的选择将十分重要，因此一般会根据具体问题的情况进行选择，得到一个分布均衡、适应度适中的初始种群。

3. 适应度函数

适应度函数，也称为评价函数。主要用来计算和评价每个染色体的优劣程度。

染色体对应适应度值的高低将直接影响到它是否能够被保留到下一代种群中。适应度函数就像是遗传算法运算的"驱动力量",不断地从中选出具有更好适应度值的个体。因此,设计和选择出一个好的适应度函数将是十分必要的。

4. 遗传操作

遗传操作是算法模拟生物界基因遗传的过程,是逐代遗传的主要表现形式。基本遗传操作主要包括:选择操作、交叉操作以及变异操作等,另外还包括其他的一些高级遗传操作等。

(1)选择操作。选择策略的好坏直接影响着优势个体繁衍生息的机会,常用的选择方法主要是比例选择方法,它是根据适应度的大小选择个体,被选中的个体有更大的机会以父代身份参与到接下来的遗传训练当中,以产生新的子代。

(2)交叉操作。仿照生物界中的杂交原理,将两个个体染色体对应的部分基因对换,产生一对新个体的过程。随机产生交叉个体,交叉基因的选择也是随机的,只有宏观上的参加交叉操作的个体总数是由交叉概率决定的。

(3)变异操作。变异操作是遗传算法中产生新个体的一种方式,变异操作的原型也是来自自然界,指的是某一个体中某一染色体某一位置上取补操作过程。变异个体以及个体具体位置上的选择都是随机进行的,变异概率控制着参与变异的基因数量的多少。

5. 算法控制参数的设定

保障遗传算法的正常运行,除了上述四类要素以外,还需要第五种因素,即算法中控制参数的设定操作。这些参数主要包括种群规模 N、交叉率 P_c、变异率 P_m、进化代数 T 等。

N:种群规模,即群体中所含个体的数量。

P_c:交叉率,它控制着进行交叉操作的个体的比例。

P_m:变异率,它控制着进行变异操作的个体的比例。

T:遗传算法的终止进化代数数目。

控制参数对遗传算法求解的效率和结果有着显著影响。在算法的实际应用过程中,我们还没有确切的理论依据和方法做出有效选择,通常需要反复实验验证,从而得出参数的最终取值范围。

一般情况下,各种要素之间,编码方式的设计与遗传操作过程是最重要的。

二、基本原理

从整体上看，遗传算法是首先将现实世界中的问题表示成二进制编码的染色体形式，然后针对解空间形成一系列的染色体，最终使用这些染色体将可描述问题放到评价函数中，通过选择、交叉以及变异等各种遗传操作过程产生更适应环境的新一代染色休群的过程。依次逐代进化，算法最终就会收敛到一个最适合环境的染色体上面，我们认为此时的算法输出的就是解决此问题的最优解。

不难看出，遗传算法本质上是一种优化算法，它是对原始种群不断进行操作，最终从中选择出最优解的过程。

基本遗传算法的优化过程一般可以描述如下：

（1）在解空间范围内选择一定数量的个体组成算法的初始种群。

（2）利用适应度函数计算种群中每个个体的适应度值，并做好标记。

（3）依据标记的适应度值进行选择操作。

（4）对选择出来的个体依据交叉率进行交叉操作，依据变异率进行变异操作，得到较新一代的种群。

（5）重复上述操作，直至满足算法终止条件。

遗传算法是一个以模拟生物界进化过程为原型的智能搜索优化算法，它最大的优点就是不需要对求解问题进行多少特殊处理，只需要保证种群不断进化，最终解就将无限接近于真实解。与此同时，遗传算法因其初始过程、遗传操作过程等都充满了随机性，因此有时搜索效率比较低，或进入局部最优出现早熟现象。这些缺点也制约着遗传算法的进一步发展与进化，因此对算法的改进也是十分必要的。

第五节　基本遗传算法

一、基本遗传算法的结构与数学模型

遗传算法是一种建立在生物界进化选择基础之上的随机搜索算法，该算法是从一个随机产生的种群开始执行迭代搜索过程，依次更新种群中解的优越性，最终获得最优解的过程。设 $P(t)$ 和 $C(t)$ 分别是第 t 代的双亲和后代，则遗传算法的一

般结构可以描述如图 6-1 所示。

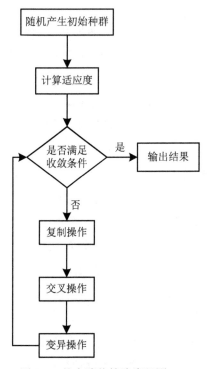

图 6-1　基本遗传算法流程图

另外，我们可以使用 $SGA=(C,E,P_0,N,\Phi,\Gamma,\Psi,T)$ 的形式来表示遗传算法的数学模型形式。式中各个字母分别表示的含义如下所述。

C：表示个体编码方法（基本遗传算法中一般使用固定长度的二进制编码形式）。

E：表示个体适应度评价函数。

P_0：表示初始种群。

N：表示种群大小。

Φ：表示选择算子。

Γ：表示交叉算子。

Ψ：表示变异算子。

T：表示遗传运算终止条件。

二、基本遗传算法的实现

1. 编码

编码作为遗传算法的第一步，决定着种群个体染色体的排列形式，同时也决定着最终的解码关系。因此，编码在整个算法中处于十分重要的位置。编码方法的不同，相应的交叉、变异等操作也将有所不同，最终将直接影响到整个算法的执行效率。

完美的编码设计是十分必要的，但现在还没有一个完备的标准可以指导我们设计出完美的编码形式。此方面上，De Jong 曾经提出过两条编码原则：

（1）有意义积木块原则。应使用能易于产生与所求问题相关的且具有低阶、短定义长度模式的编码方案。

（2）最小字符集原则。应使用能使问题得到自然表示或描述的具有最小编码字符集的编码方案。

需要注意的是，这两条原则并非适合所有问题，它仅是对编码设计提出了指导。因此，在面对具体问题时，还需从具体问题出发设计和实现相应的编码方法。由于遗传算法应用的广泛性，迄今为止人们已经提出了许多种不同的编码方法。总的来说，这些编码方法可以分为三大类：二进制编码方法、浮点数编码方法、符号编码方法。

下面介绍其中的几种主要编码方法：

（1）二进制编码。此编码方式在遗传算法中最常用，它的编码符号集只由 0 和 1 组成；它所描述的个体基因是由 0 和 1 组成的二进制编码串；编码串长度与实际待求解问题的求解精确度有关。但是，二进制编码不善于表现问题的结构特征，同时将它应用到连续函数的求解优化上时，因算法本身的随机特性使其局部搜索能力十分差，鉴于此，人们提出了格雷码编码应对。

格雷码指的是两个连续的整数对应的编码数值之间仅有一个码位不同，其余码位都相同。使用格雷码的主要原因是因为格雷码存的一个特点：任意两个整数的差是这两个整数所对应的格雷码之间的海明距离。由于格雷码编码方式是二进制编码方式的一种变形，因此其编码精确度较之相同长度的二进制编码方式来说是一样的。

在对一些多维、高精度要求的连续函数的优化问题，人们又提出了浮点数编码方法。

（2）浮点数编码。浮点数编码是指个体的每个基因值用某一范围内的一个浮点数来表示，个体的编码长度等于其决策变量的个数。该方法中，须保证基因值在给定的区间限制范围内，这也包括各种算子产生新个体的基因值。

（3）符号编码。符号编码是指用于给编码染色体的基因位取值是只有代码含义的符号集，而非某些特定的数字数值等。这些符号集可以是字母表，也可以是代码表，当然也可以是序号表。

2. 选择算子

选择算子作为遗传算法操作中的第一步，其主要作用是通过一定的策略从种群中选出个体并使其参加到接下来的遗传操作中去，以保证算法整体上的高效性与快速收敛的能力。选择操作的基本选择原则是适应度值越大，被选中的概率也越大。

常用的选择算子方法主要有：比例选择法、最优保存策略法、确定式采样选择法、无回放的随机选择法、无回放余数随机选择法、排序选择法以及随机联赛选择法等。其中以比例选择法最为常用。下面对常用的几种方法进行简单的阐述。

（1）比例选择法。该方法的基本思想是：选择每个个体的概率与该个体的适应度大小成正比，以保证高适应者能够有效地被继承下去。但具体实现时此方法的选择误差较大。

（2）最优保存策略法。遗传算法内部的随机特性使得最优解的出现也具有一些随机性，将出现在运算中间代数的最优解保留下来成了一种有效的办法。最优保存策略就是在此种思想基础之上产生的，在该方法中，将每代中最优解保留下来，不参与各类运算，并且将最差基因替换为最优基因。

（3）排序选择。该方法有别于前面叙述的方法，它不再以适应度的大小为依据进行选择，而是先对个体按照适应度由高到低排序，再根据此顺序分配个体被选中的概率。此方法避免了对适应度数值非负的硬性要求，但仍存在选择误差比较大的现象。

3. 交叉算子

交叉算子是遗传算法区别于其他智能算法十分重要的特征，在遗传算法中起着十分关键的作用。交叉操作是对成对出现的对象相互交换部分基因，依此产生两个新个体的过程。通常此部分需要考虑的问题主要是交叉点的位置以及基因具体的交换流程。

常用的交叉算子方法主要有单点交叉、多点交叉、均匀交叉以及算术交叉等。其中以单点交叉最为常用。

（1）单点交叉。该方法指在个体编码串中仅随机放置一个交叉点，然后在此点前后相互交换个体对之间的配对染色体部分。此方法最本质地模拟了生物界遗传基因变化过程，并且能够有效地降低对染色体中已形成性状的破坏。

（2）其他交叉方法。多点交叉是一种从单点交叉中扩展而来的方法，即指的是存有多个交叉点；均匀交叉是指每个基因位上概率性的参加交叉操作，实质上，它是多点交叉的延伸；算术交叉方法能够进行线性组合运算，因此常用在由浮点数编码的个体中。

4. 变异算子

变异算子相对于交叉算子来说更具有引进新个体的功能。变异是一种模拟生物界在复制基因时偶尔发生的一些差错，而正是这些日积月累的差错的存在，才使得物种不断延伸发展，最终形成整个繁荣复杂的生物世界。

常用的变异算子方法主要有基本位变异、均匀变异、非均匀变异等。

（1）基本位变异。该方法指的是对个体二进制串由变异率随机对随机指定的某一位基因进行基因值的变换。由于此方法只在个别位上发生，并且通常情况下变异率也较小，因此，整体效果不太明显。

（2）均匀变异。该方法是指使用相同长度的均匀随机数串，以一个比较小的概率去替换个体二进制串中相应基因的过程。常用在遗传算法初期运行阶段。

（3）非均匀变异。该方法是对均匀变异的一种改进。均匀变异方法能够使得个体在某个搜索空间中自由移动，但却不能针对某一重点区域进行局部搜索，非均匀变异就是在此类局部区域进行的一个随机扰动操作。

5. 适应度函数

遗传算法运行的驱动力就是其适应度函数。在遗传算法运算的很多地方都需要适应度值的判断，因此选择或设计出一个适合问题解的适应度函数是使用该算法进行求解问题最为关键性的地方。具体函数的选择将视实际问题的情况作出设计。

6. 相关参数的设定

遗传算法的正常运行依赖于相关参数的正确设定，见表6-2。

表 6-2　相关参数设定

参数	简述
group_size	种群规模。此参数用来表示种群中个体数量，其大小的选取将直接影响到算法的优化结果以及算法的执行效率等问题。过小，就会降低多样性，导致算法极易出现早熟；过大，则会使得算法计算复杂度过大，导致算法效率低下
p_c	交叉率。此参数控制着交叉操作的运行，也决定着算法的全局搜索能力。所谓的交叉率指的是算法中交叉操作执行的概率，其大小的设置也是十分关键的，过小的交叉率会使得算法运行效率低下，不能够快速收敛到有效解；过大虽然增强了算法效率，但却会破坏已有的优良个体，最终收敛表现也极差。一般情况下，p_c 的取值范围为 0.4～0.99
p_m	变异率。此参数控制着变异操作的执行，更高的变异率有利于在群体中引入更多新个体，更注重局部搜索能力的提升。其大小的设定也是非常敏感的，过小的变异率会抑制新个体的产生，使种群步入局部最优；过大时也将因产生了过多的新个体基于而导致遗传算法几乎等同于随机搜索，大大地降低了该算法原有的优化效能
终止条件	遗传算法需要反复的迭代完成进化过程的，理论上只要找到最优解才算作结束，然而现实应用中，都会实现设定一个阈值和最大进化代数，达到期望阈值或者是完成了进化的最大代数，算法都要停止。因此，合理设置终止条件在算法的整体执行表现上是十分值得研究的

第六节　基于遗传算法的过滤模板优化方法理论可行性分析

一、问题描述

文本信息过滤从一定程度上可以看作是一种二值文本分类，它将待过滤文本映射到一个合法文档集或非法文档集。上述过程可用形式化的数学语言表述：

对于每个 $<d_i, c_i> \in D \times C$，其中 D 为待过滤文档集，d_i 为 D 中的一个文档，C 为类别集，C 中含有两个值 c_1 和 c_2，分别为过滤文档集和正常文档集，判定其布尔值，若其为真（T），则文档 d_i 属于类别 c_1，否则（F）不属于 c_2，文本信息过滤过程就是构造函数 α：$D \times C \Rightarrow \{T, F\}$。

二、文本预处理

基于向量空间模型的信息过滤中，需要首先对训练文档 d_i 进行分词，把 d_i 表示成一系列特征项序列 $c_1 c_2 c_3 \cdots c_k \cdots c_n$，并对这些文本计算权重信息 w_k，从而形成按照类别划分权重计算结果。

三、问题编码及初始种群生成

在遗传算法寻优过程中，需要将问题空间进行编码，然后才能运用遗传算法计算。在中文文本信息过滤中，采用一种改进的二进制编码方式。具体方式如下：

（1）使用随即发生器随机产生一个二进制序列，该二进制序列长短则代表基因串长度。

（2）将该二进制序列同预处理后的类别切词结果进行逻辑与操作。

（3）将计算结果作为问题求解的一个个体，依次生成问题空间的个体构成初始种群。

由此生成的基因串长度是有限的，这使得系统中不再需要专门的降维操作，编码同时就等于实施了降维。

四、个体适应度衡量

适应度函数表明个体对环境适应能力的强弱，不同问题适应度函数的定义方式不同。在求解中文文本信息过滤的遗传算法计算过程中，最终要生成进行内容过滤的模板，该模板应该是能够代表类别空间的最佳个体，因此必然能够与相同类别的待过滤文档具有较大的相似度而与其他类别文档具有较小相似度，因此在应用中把个体之间的相似度作为适应度函数是一种可取方案[111]。

而课题组在应用过程中，通过实验验证和比较各种方案的基础上[111]，发现使用适应度差的绝对值作为评价个体优劣的标准更为恰当。

定义 1：个体间相似度。

$$\text{Similar}(individual[i], individual[j]) = \cos(individual[i], individual[j]) = \cos < weight[i], weight[j] >, j \neq i \tag{6-1}$$

$individual[i]$、$individual[j]$ 表示遗传算法中第 i 和第 j 个个体，$weight[i]$、$weight[j]$ 分别表示第 i 和第 j 个个体的权重。

定义 2：平均相似度。

$$\text{Similar}[individual[i]] = \frac{\sum_{j=1}^{group\_size} \cos < weight[i], weight[j] >}{(group\_size - 1)} \tag{6-2}$$

其中 *group_size* 表示种群大小，其他变量同定义 1。

定义 3：适应度函数。

$$Fitness[i] = | Similar[individual[i]] - Similar[individual[i+1]] | \qquad (6\text{-}3)$$

Similar[*individual*[*i*]]、Similar[*individual*[*i*+1]] 分别为定义 2 中得到的前后两代的相似度平均值。

五、收敛性分析

在遗传算法收敛性分析方面，主要有模式定理[112]、随机理论[113]以及动力学原理[114]等几个方面，王丽薇[115]等提出了一种应用集合论的证明方法，本书将借鉴该方法分析上述优化问题的收敛性。

1. 问题归约

中文文本信息过滤问题在一定程度上属于文本分类问题，解决了文本分类问题则文本信息过滤问题迎刃而解，但是多类别文本分类属于多维空间判断问题，在多维空间上讨论敛散性具有很大的困难。因此，我们可以将中文文本信息分类和过滤问题转化到二维空间讨论其敛散性。

在该收敛性分析中，涉及如下几个定义：

定义 1：问题的解。

设问题空间为 *I*，$C = \{1, 2, ..., n\}^k$ 是问题解的一个编码结果，针对 *C* 中的每一个可能解，在问题空间 *I* 都有一个点与之对应。反之不一定成立。

定义 2：空间转变函数。

用 *f* 表示空间转变函数，称为强度函数，令其定义域为问题空间 *I*，值域为目标函数值域，则函数 *f* 可定义为一个映射 *I* 中的每一个点 *i*，如果 *i* 对应于一个解，则令 *f*(*i*) 等于目标函数在 *i* 点的值；否则，令 *f*(*i*) 等于目标函数的最小值。

通过空间转变函数将问题空间的解转化为强度函数 *f* 的二维空间解集。在该二维空间集合上，我们可以定义相关类，用以讨论在二维空间集合上复杂问题的敛散性。

定义 3：类的概念。

集合 *S* 称为一个类，当且仅当 $S \subseteq I$，类 *S* 在种群 *POP* 的强度为类 *S* 在种群中所有个体平均强度；对于类 *S*，如果存在 $f(S, POP) \geq f(POP, POP)$，则称为类 *S* 在种群中占优势；如果类 *S* 在任何一个种群中都占优势，则称为 *S* 为一致类。

如果存在强度函数值域 V 中的一点 r，S 包含且仅包含问题空间中强度函数大于 r 的个体，即 $\exists r \in V, (\forall i \in I, i \in S \Rightarrow f(i) \geqslant r) \cap (\forall i \in I, f(i) \geqslant r \Rightarrow i \in S)$，则 S 成为一个优类。

定义 4：一致类判定。

类 S 是一致类，当且仅当其是优类。

之所以定义优类，是因为一致类的可操作性太差而定义 4 给出了一个可操作的直观方法。

2. 收敛性假设

最优解包含在任何优类中，所有优类的交集就是最优解。由定义 4 可以看出，优类等价一致类，因此，如果种群中一致类所占的比例不断增加，则搜索空间缩小，其方向就是一致类交集的方向，理论上讲遗传算法能收敛到最优解。

但是这种稳定性很容易被破坏掉。基于这个原因，如果遗传过程能够找到最优解就要保证上述一致类集合不被代替或者消失，因此提出如下假设。

如果 S 为一致类，POP 为种群，则对任意竞争类 S'，如果有：

$$f(S', POP) \geqslant f(S, POP)$$

下面两个条件则必有一个成立：

（1）S' 中的个体均在 S 中，即 $S' \cap POP \subseteq S$。

（2）S' 和 S 交集（即同属于 S' 和 S 的个体）强度均大于或者等于 S' 强度，即 $f(S', POP) \geqslant f(S, POP)$。

上述收敛假设中无论哪种情况发生，S' 在下一代中都不会取代 S，而只能一起获得增长，这就保证了模式一直不会被其他类所取代。

从上面定义和假设中可以看出，在遗传操作情况下，如果 S 在遗传操作中是近乎封闭的，则类是稳定的，那么也就能找到最优解。不完全封闭的情况下就要考虑稳定程度，稳定性保证了类在遗传操作中不会被取代，只有这样的类才能在遗传运算中被传递，对遗传算法才有意义。因此，在遗传算法中我们只考虑这种类，而不稳定类，即使它强度再高，也不能被遗传进化，我们就不必考虑。

3. 问题收敛性分析

综上所述可以得出这样的收敛性结论：如果一致类具有稳定性，遗传算法就可以收敛到最优解。任何问题空间只要满足这个条件，我们就认为可以用遗传算法进行求解，并有希望获得最优解。

信息过滤特征项是从训练文档中抽取的，而训练文档是静态的，这就决定了用遗传算法求解信息过滤问题是相对封闭的过程，从本章第二节结论并结合本节相关定义，我们可以认为本书所给出的基于遗传算法的信息过滤可以收敛。也就是说从理论上来讲本书所给出的模型是有效的。

第七节　基于遗传算法的文本过滤方法实现

通过对遗传算法的整体概述，以及在此基础上研究了对遗传算法的基于细分变异算子策略的改进，可以看到，遗传算法虽然存在着一些不足，但是其高效的优化能力、强劲的全局搜索能力等在众多智能算法中也是首屈一指的。本书将遗传算法应用到模板优化上，具体来说就是每个类别依次通过分词、特征选择、权重计算后，形成初始用户模板，之后使用前文中所提出的改进型遗传算法对其进行优化，从而得到最终用户类别模板。

接下来，我们将按照遗传算法的几个基本要素对基于遗传算法的网络信息过滤模型进行描述。

一、编码

在遗传算法中存在着多种编码方案，常用的主要有二进制编码、格雷码编码、实数编码、符号编码等。其中，以二进制编码的易用性最为广泛。本书由于采用遗传算法进行选择特征的优化工作，因此，系统中采用了二进制编码形式，1 表示保留对应特征项，0 表示放弃对应特征项。

二、初始种群

遗传算法初始种群作为算法的初始输入部分，需要结合实际问题与编码方案做具体的设计。在本系统模型当中，本系统需要分别对每个类别进行单独并行训练，因此所得结果将是几个类别的类别模板，而非一个单独的解；同时，系统采用一一映射的方式实现特征项与二进制编码之间的转化工作；最后，为了更为清晰地描述每个染色体种群的属性，设计时将其一并添加在了二进制串所表示的染色体上，具体如图6-2所示。

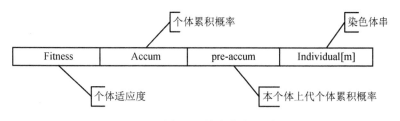

图 6-2　染色体表示图

图 6-2 中，前三项均为相关该条染色体的属性信息，其中，Fitness 表示本条染色体个体的适应度函数值；Accum 用来表示该个体的个体累积概率；pre-accum 则用来记录该个体的上一代来源个体的累积概率。染色体第四项中则存储这一段 m 位的随机二进制串，它将用来表示该染色体与特征项的具体对应情况。

染色体中 Individual 部分与对应特征项进行的"与"运算就可以看作是该问题下的遗传算法解码过程，相对来说，使用"与"运算的速度比较快，因此系统也借助于此，在快速解码运算的同时，一并得到相应特征项的诸多属性，因此在系统中设计了如下形式的结构，我们称之为选词列表，如图 6-3 所示。

Word	...	学校	...
Wordfreq	...	0.64	...
Worddoc	...	0.76	...
Wordweight	...	0.7286542542	...

图 6-3　选词列表

图 6-3 中，列表的每一列对应一个特征项及其具体属性值。例如上图中的以某一类别的选词列表中的特征项"学校"为例，它的词频为 0.64，文档频率为 0.76，该词的权重值为 0.7286542542。

三、适应度函数的选取

遗传算法运行的驱动力就是其适应度函数，因此选择或设计出一个适合问题解的适应度函数是使用该算法进行求解问题最为关键性的地方。本系统中采用遗传算法的主要目的是优化寻找一个类别中最具代表性的向量表示形式，使其可以从整体上对该类别中的文档进行表示。具体我们可以用图 6-4 来描述。

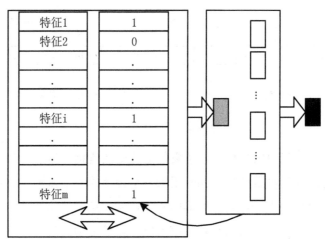

图 6-4　GA 训练描述图

在图 6-4 中，首先系统通过 Individual 部分与选词列表（此列表中包含了整个类别中的特征项）一一对应，随机生成种群染色体，通过计算该染色体在类别中的代表性的大小，从而决定训练的继续与否。图中灰色小方块代表待验证的向量，黑色小方块则表示最终计算的输出结果类别向量。

不难看出，使用二进制编码表示的染色体在整个运算过程中，不仅是遗传算法的编码表示形式，也是一种选择特征的手段；在具体的适应度函数运算时就需要将其解码，使用所求问题的具体形式进行计算。本书采用的对应编码形式很好地融入了上述两者的转化和关系。

遗传算法中适应度函数的作用表现在图 6-4 右边矩形框中，由图 6-4 中描述可知，该函数需要计算类别向量与类别中所有向量之间的平均相似度值，因此，本书中适应度函数的定义如下：

$$fitness(individual[i]) = \frac{\sum_{j=1}^{group\_size} \cos < weight[i], weight[j] >}{(group\_size - 1)} \quad (6\text{-}4)$$

式中，以 i 计数的染色体表示群体染色体信息，以 j 的计数的向量表示该类别中所有的训练文档的向量形式，$group\_size$ 指的是该类别的种群的大小。一般情况下，我们使用 $\cos<individual[i], individual[j]>$ 来表示两个向量之间的相似度问题，其计算公式已在本章第六节第三小节中进行了阐述。本书中使用 $\cos < individual[i], individual[j] >= \cos < weight[i], weight[j] >$ 作为相似度计算形式，其中 $weight[i]$ 以及 $weight[j]$ 对应二进制为 1 位置上的特征项的权重值。

四、遗传操作

遗传算法操作主要包括选择、交叉和变异三部分，在这三部分的操作中，都将仅涉及编码后的二进制串问题，不包括解码或者是转化工作等。具体如下：

1. 选择操作

选择算子作为遗传算法操作中的第一步，其主要作用是通过一定的策略从种群中选出个体并使其参加到接下来的遗传操作中去，以保证算法整体上的高效性与快速收敛的能力。选择操作的基本的选择原则是适应度值越大，被选中的几率也越大。因此，通常情况下采用按比例的选择方案进行，本书系统也是采用了此种方法。

2. 交叉操作

交叉算子是遗传算法区别于其他智能算法十分重要的特征，在遗传算法中起着十分关键的作用。交叉操作是对成对出现的对象相互交换部分基因，依此产生两个新个体的过程。通常此部分需要考虑的问题主要是交叉点的位置以及基因具体的交换流程。考虑到文本向量具体情况，交叉点过多可能会影响到已形成的特征组合。因此本系统中采用了单点交叉形式。其中，具体交叉操作的执行将有交叉率 p_c 来控制。

3. 变异操作

变异算子相对于交叉算子来说更具有引进新个体的功能。本系统中采用的是基于细分变异算子策略的改进遗传算法，因此系统实际上是在两个地方使用到了变异算子，即大步前进算子与最优调教算子。同样地，变异率 p_m 控制着变异操作的具体执行情况。

五、相关参数的设定

各种相关参数已经在第二章中阐述，本系统在严格按照参数相关要求设定的基础之上采用自适应方法对系统参数进行了改进。本系统设计中将此类控制参数进行了划分，分为静态参数和动态参数。静态参数有初始种群个数、初始染色体长度、最大遗传代数等；动态参数调整主要指的是自适应调整的交叉率以及变异率两者。

系统默认值分别为：初始种群 20；初始染色体长度 40；最大遗传代数 200；交叉率初始值 0.20；变异率初始值 0.60 等。

综合可知，建立在遗传算法之上的网络信息过滤模型实质上是一种利用遗传算法对类别模板进行优化，在信息过滤时使用该模板的过程。此时，所提供的类别模板并非是每一种分类器算法所必须的，中心向量算法以及贝叶斯算法需要类别模板，而 KNN 算法则不需要此类模板信息。

六、训练集

训练文档采用了复旦大学计算机信息与技术系国际数据库中心自然语言处理小组李荣陆整理的中文文本分类语料，共 9 804 篇文档，分为 20 个类别。其中文学、教育等 11 个类别其文档数不超过 100 篇，计算机、环境、农业、经济、政治以及体育等 6 个类别文档数超过 1 000。由于算法最终要应用于信息过滤，因此课题组又自行收集了暴力、色情两个类别分别 276 和 192 篇文档，共计 8 个类别 7 947 篇文档用于训练。训练文档分布见表 6-3。

表 6-3　训练文档分布

类别	暴力	色情	计算机	环境
文档数	276	192	1358	1218
类别	农业	经济	政治	体育
文档数	1022	1601	1026	1254

七、测试集

测试集主要包括封闭测试集和开放测试集。

（1）封闭测试集：将复旦大学计算机信息与技术系国际数据库中心自然语言处理小组李荣陆整理的中文文本分类语料中不超过 100 篇文档的 11 个类别共计 502 篇文档与从训练集每个类别随机抽取的 50 篇文档组成训练集，共计 902 篇测试文档。

（2）开放测试集：中科院计算所谭松波整理的中文文本分类语料库 TanCorpV1.0，该语料库分为两个层次，收集文本 14150 篇，第一个层次为 12 个类别，本书即从第一层次中与训练文档相关的财经、电脑、体育共 3 个类别中，每个类别随机选取 200 篇混合组成测试文档。

八、开发和运行环境

预设种群规模大小为 400，染色体数目为 200，最大遗传代数为 1000，变异率和交叉率分别预先设置为 0.015 和 0.6。相关实验在一台计算机上进行，处理器为 Pentium(R) Dual-Core CPU E5500 @ 2.8GHz，2GB 内存，320GB 硬盘，采用 Visual Studio 2010(C#)开发。

九、考查参数

该部分考查策略借鉴本章第六节第七小节的评价指标。

十、文本分类实验

为保证实验效果，实验中单词切分部分应用河北理工大学经管学院吕震宇根据计算所汉语词法分析系统 ICTCLAS 改编.net 平台下的 SharpICTCLAS[116]，该切词程序理论准确率为 97.58%，模板生成应用遗传算法进行训练。主要从文本分类和信息过滤两个方面进行比较。

1. 在测试数据 1 上的测试

本书所提出的方法在测试数据 1 上的各个类别准确率见表 6-4。

表 6-4　在测试数据 1 上的各类准确率

类别	农业	政治	体育	暴力
准确率	79.969	74.364	75.211	96.053
类别	环境	经济	计算机	色情
准确率	83.345	91.585	87.468	98.446

在表 6-4 所示的实验数据中，经分析可以发现，在分类效果较差的两种类别中，训练文档中文章存在一些相似之处，如政治类别往往包含到经济、环境、农业等因素，因此造成其准确率较低。

为考察该方法分类效果，应用了上述测试方法中的宏平均评价方式，经计算，上述数据平均准确率为 $\bar{p}$ =85.810。我们将该数据同近年来在 Reuters-21578 上的几种基本方法进行了比较，其比较数据如图 6-5 所示。

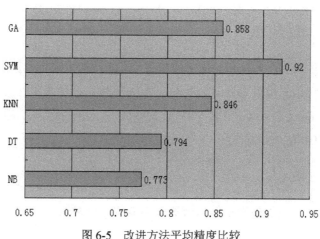

图 6-5　改进方法平均精度比较

图 6-5 中，GA 代表文中所叙述方法，NB 表示 Naive Bayes 方法，DT 表示 Decision Tree 方法，KNN 表示最近邻分类方法，而 SVM 为支持向量机，上述几组数据[117]系近年来报道的在 Reuters-21578 语料的最好分类效果。

由于测试集合和测试条件的差异，指标的数值仅作为方法效果的参考，不能完全作为方法效果间比较的依据。本书着重在于说明基于遗传策略的网络信息过滤模型的可行性，至于其中效果的差距，则需要在以后的工作中继续进行改进和完善。

同时，从图 6-5 可以看出而本书所提出的方法略低于 SVM，究其原因有以下几点：

（1）文献[117]所述的各种方法的准确率是基于 Reuters-21578 语料，该语料属于英文语料不需要切词等操作，所以略有下降在情理之中。

本书采用的切词程序系河北理工大学经管学院吕震宇根据计算所汉语词法分析系统 ICTCLAS 改编.net 平台下的 SharpICTCLAS，该切词程序理论准确率为97.58%。

（2）遗传算法受到初始种群、遗传参数等因素影响，使学习过程受到一部分影响。

（3）训练过程由于受到时间以及机器性能等因素影响，可能导致训练不充分，这也是导致本书结果略低于文献[117]中结果的原因之一。

2. 在测试数据 2 上的测试

上述实验数据中，该改进的计算方法能够取得较好的效果，但是，我们不能排除上述实验结果是在数据 1 的基础上得到的，可能存在一定的过度拟合问题。因此，我们设计了应用上述第二组测试数据进行了进一步测试，其分析数据见表 6-5。

表 6-5　在测试数据 2 上的准确率比较

指标	体育	经济	计算机
准确率	46.154	90.697	84.314
查全率	79.969	75.000	82.690

上述实验数据中，就准确率来讲，其中经济类与封闭测试虽然略有下降，但是相差不大，而体育类则具有较大差距。究其原因，分析训练文档和测试文档即可发现，原训练文档中有关体育类的文档均属于体育理论研究，而测试文档则来源于网络，因此二者具有较大差距。

3. 信息过滤实验测试

鉴于研究目的在于应用到基于内容的信息过滤中，因此设计该实验将上述分类器应用于网络信息过滤的测试实验。实验中将实验室测试数据 1 划分成了两个大类，即合法文档和非法文档，其中的非法文档由测试数据 1 中的色情和暴力文档组成，而合法文档则由其他六个类别随机选取组成，实验数据构成以及测试结果见表 6-6。

表 6-6　过滤效果测试统计数据

类型	文档数	有效过滤	准确率
非法	300	293	97.67
合法	300	257	85.67

我们将上表中的过滤数据同文献[109]进行比较，本书中所给方法不论在哪个类别上，都明显好于文献[109]所给出的数据，因此本书方法具有较好的过滤效果。同时，从表 6-6 中也可以看出，非法文档等具有鲜明特色的类别具有更好的分类效果，而我们最终要过滤的就是该类不良信息，因此本书方法的应用是有效的。

第八节　模糊遗传算法

在研究过程中发现，遗传算法进化过程随机性太大，在前面进化较慢而后面进化太快，容易陷入局部最优。通过绘制适应度变化曲线，我们也发现遗传过程容易反复，这使得局部最优不可避免。

图 6-6 给出了类别"体育"在遗传算法运行过程中适应度值随时间变化的曲线。

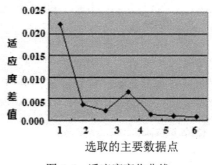

图 6-6　适应度变化曲线

从图 6-6 可以看出，训练过程中相似度差越来越小，也就是说适应度值越来越大，即生成的个体越来越好，这也就从实验的角度证明了基于遗传算法的方案的可行性。

但是，从图 6-6 中也发现选取的数据点中存在一个奇异点，这就是说在训练过程存在反复现象。这是因为遗传算法应用过程中采用了固定交叉和变异操作，针对该问题，很多研究者提出了自适应修改策略[118]。

遗传算法参数的动态调整是指遗传算法中引入模糊控制理论，通过模糊调整遗传算法相关参数使遗传算法在进化过程中更接近最优解。

本研究针对一种应用于文本分类的遗传算法引入模糊理论，提出了一种应用于文本分类和信息过滤的模糊遗传算法。

一、种群规模动态调整

设置种群规模是遗传算法在众多实际应用中必须面临的关键问题。如果种群规模太小，遗传算法收敛的速度更快；如果种群规模太大，则遗传算法的应用会浪费太多的计算资源，优化收敛的时间将会变长，这都不利于遗传算法收敛找到全局最优解。另一方面，由于遗传算法在进化中选择、交叉及变异的作用，会使得一些优秀的基因片段过早地丢失，造成种群中适应能力强的个体减少，使他们没有机会将优秀基因遗传给下一代，造成遗传算法的过早收敛，得不到最优值。因此，算法的收敛性及获得全局最优解与种群规模的大小有着密切关系[119]。

如何才能合理的设置种群规模的大小，使得遗传算法在合理的遗传进程中获得全局最优解，在文献[119]中为种群个体引入了其寿命的概念，它相当于个体在种群中存活的代数，个体的进化年龄将随着进化代数的增加而增加，一旦个体的进化年龄超过其寿命时，就将该个体从种群中删除掉，这标志着该个体的死亡，不能再参与下一代的遗传，而且在删除死亡个体的同时，再往种群中加入每一轮适应度最高的个体，以保持种群个体的优良性，避免在产生更多死亡个体的情况下，导致遗传算法的过早收敛。因此，根据以上所述，课题研究过程中提出了根据个体的寿命来控制遗传种群规模的大小。

由于个体寿命不是固定不变的，我们需要在每一代中都计算个体寿命，以保证个体的多样性及优良性，使得充分的优秀基因遗传给后代，保证遗传进程搜索到全局最优解。根据文献[118]中个体寿命计算公式，我们可以得出第 i 个个体在第 t 代中的寿命为：

$$lifetime[i] = \begin{cases} \frac{1}{2}(\min\_lifetime + \max\_lifetime) + X\frac{fitness[i] - avg\_fitness}{best\_fitness - avg\_fitness}, 若fitness[i] > avg\_fitness \\ \min\_lifetime + X\frac{fitness[i] - worst\_fitness}{avg\_fitness - worst\_fitness}, 若fitness[i] \leqslant avg\_fitness \end{cases}$$

（6-5）

式中，$X = \frac{1}{2}(\max\_lifetime - \min\_lifetime)$ $lifetime[i]$ 为第 i 个个体的寿命，$fitness[i]$、$avg\_fitness$、$best\_fitness$ 和 $wrost\_fitness$ 分别为第 t 代中第 i 个个体的适应度值、种群的平均适应度值、种群中最好适应度值和种群中最差适应度值，$\max\_lifetime, \min\_lifetime$ 分别为在允许空间内预先设置的最大寿命、最小寿命。

从式（6-5）可以看出，个体的寿命与预先设置的个体最小寿命及最大寿命有密切的关系，最小寿命和最大寿命值决定了要删除的个体寿命。从文献[119]得知，由于并没有考虑种群中个体的数量可能会在短时间内大量删除，造成种群规模大批量下降，从而导致种群的过早收敛。因为遗传搜索过程中在每一代中都要计算个体的寿命，每一代进化当中都存在着即将死亡的个体（即该个体进化年龄超过其个体寿命），死亡个体可能会在短时间内积聚，从而加速了遗传早收敛现象，导致大批遗传个体的死亡。

为避免大量个体的急剧减少，保证种群优良性，课题组所研究实现的系统在遗传个体寿命小于进化代数的条件下，在删除个体的同时将种群中适应度最好的个体重新加入到原种群中，填补被删除的个体。这样一来，当种群中某些遗传个体的寿命极小时，利用式（6-5），仍然可以利用添补优良个体的方法继续使种群往下遗传。交叉概率模糊动态调整在遗传操作中，交叉算子的作用是产生新的个体[120]，它决定了算法的全局收敛能力[120]。但在传统遗传算法当中，交叉率是预先设置的固定值，不随着进化过程的变化而相适应地发生变化。从整个种群的进化过程来看，交叉率的固定不变导致了算法后期的不稳定性，进而导致算法性能的下降。因此，既要保证算法稳定的收敛又要保证算法能够收敛到全局最优解，调整交叉率使得在整个进化过程中都能够适应于进化环境的变化是势在必行的，根据文献[119]中基于进化代数的交叉率的计算方法，本书加以修正如下：

$$temp = \max\_pc \times 2^{(-t/\max\_gen)} \tag{6-6}$$

$$pc = \begin{cases} temp, 若 temp > \min\_pc \\ \min\_pc, 若 temp \leq \min\_pc \end{cases} \tag{6-7}$$

式中，$temp$ 是中间计算变量，$\max\_gen$ 是预设的最大进化代数，$\max\_pc$ 和 $\min\_pc$ 分别是预设的最大交叉率和最小交叉率，t 是当前进化代数。

二、变异率模糊动态调整

变异操作的主要作用是维护种群的多样性，保证种群中产生新个体的优良性，它决定了算法的局部搜索能力[119]。变异概率的优劣应随着种群规模的变化而变化，种群规模较差时，应增大变异率，提高种群的多样性；而种群规模较好时，应减小变异率，避免破坏优质个体的多样性。

在遗传进化当中，经过选择、交叉等遗传操作，种群的规模迅速增大，因而变异率是随着群体的迅速集中而逐渐减小的。根据文献[120]中的基于进化代数和适应度的变异率计算方法在本书中加以修正如下：

$$X = -\left| \frac{\max\_fitness - fitness[i]}{\max\_fitness} \right|$$

$$temp = e^X \times \frac{1}{1 + \dfrac{t}{\max\_gen}} \times \max\_pm \qquad (6-8)$$

$$pm = \begin{cases} temp, & 若temp > \min\_pm \\ \min\_pm, & 若temp \leqslant \min\_pm \end{cases}$$

式中，X、$temp$ 是中间计算变量，$\max\_fitness$、$fitness[i]$ 及 $\max\_gen$ 分别是当前代中最大适应度值、待变异个体的适应度值及预设的最大代数，$\max\_pm$ 和 $\min\_pm$ 分别是预设的最大变异率和最小变异率，t 为当前进化代数，pm 为当前代中个体的变异率。

三、遗传参数的自适应调整

课题组研究过程结合相关研究引入了一种改进的变交叉率和变异率操作。

$$pc = \begin{cases} temp, & 若temp > \min\_pc \\ \min\_pc, & 若temp \leqslant \min\_pc \end{cases} \qquad (6-9)$$

式中，$temp$ 是中间计算变量，且 $temp = \max\_pc \times 2^{(-t/\max\_gen)}$，$\max\_gen$ 是预设的最大进化代数，$\max\_pc$ 和 $\min\_pc$ 分别是预设的最大交叉率和最小交叉率，t 是当前进化代数，pc 为当前代中个体的交叉率。

$$pm = \begin{cases} temp, & 若temp > \min\_pm \\ \min\_pm, & 若temp \leqslant \min\_pm \end{cases} \qquad (6-10)$$

$\max\_fitness$，$fitness[i]$ 及 $\max\_gen$ 分别是当前代中最大适应度值、待变异个体的适应度值及预设的最大代数，$\max\_pm$ 和 $\min\_pm$ 分别是预设的最大变异率和最小变异率，t 为当前进化代数，pm 为当前代中个体的变异率。x 和 $temp$ 是中间计算变量，且

$$temp = e^x \times \frac{1}{1 + \dfrac{t}{\max\_gen}} \times \max\_pm \quad x = -\left| \frac{\max\_fitness - fitness[i]}{\max\_fitness} \right| \quad (6-11)$$

四、实验结果比较分析

该部分采用与图 6-6 中实验结果相同的实验设置，其适应度变化曲线如图 6-7 所示。

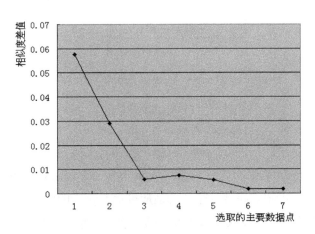

图 6-7　自适应策略适应度变化曲线

从图 6-7 中可以看出，适应度曲线明显比图 6-6 具有更加明显的收敛特性，该改进策略是有效的。

第九节　小结

本章通过分析遗传算法以及中文文本信息过滤的特点，从理论以及实验分析了其可行性，并结合实验中存在的问题提出了遗传算子的自适应策略。从理论以及实验分析均发现，该方法能够解决中文文本信息过滤问题。下一步主要针对基于遗传算法网络信息过滤模型进行改进，主要考虑结合蚁群算法解决遗传算法在后期存在的遗传速度较慢、容易陷入局部最优问题，并结合人工神经网络构建相应语义网络，以解决特征空间的降维问题。

第七章　基于概念的逻辑段落匹配方法

第一节　引言

目前国内外关于文本信息过滤的研究基本上可以概括为两个方面的内容[121,122]，其一是关于用户模型研究，即用户模板（user profiles）的构建及其算法；其二是基于文档与用户需求的匹配技术研究，即用户模板与文本的匹配技术（filtering methods）。这两个方面是文本信息过滤的两大关键技术。

而在匹配技术中，不管是应用什么样的算法，最终都是对文本进行分类，都是对于事先构建模板的匹配。当前常用的匹配模型是向量空间模型[123]，而目前应用向量空间模型进行的匹配和分类中，往往都是整个待分类文档的匹配和分类，从而忽略了待分类文本中的段落特征。

同时，目前针对于段落的匹配机制也往往是针对传统的物理段落，即给不同的段落赋予不同的权值，从而使用这些段落进行匹配，这就带有一定的机械性。因为这些物理段落往往较短或者本身包含的信息过少，甚至有些段落包含对于分类有副作用的信息。特别是在过滤网络文本时，获得的网络数据文档往往都是一些附加信息，如果使用这些段落实施匹配，极其容易出现分类误差和匹配率较低的现象。

第二节　预备知识

为了分析方便，下面我们先给出实现逻辑段落划分的常见概念。

一、概念

概念是事物本质特征的概括和抽象，不受词汇语种、多义性和歧义性影响[124]。概念的产生和存在依附于词语，而词语能够表示其他事物，就是由于人们头脑中有相应的概念。词语是概念的语言形式，概念是词语的思想内容。

二、概念词典

概念词典精确定义了词语及其所对应概念之间的映射关系，能够用来解决自然语言中存在的同义词与多义词问题。在概念词典中，词被划分为词形、词性和概念定义。词形指词的物理形态，词性说明该词的语法功能，概念定义由一个或多个基本属性以及它们与主干词之间的语义关系描述组成，这三者作为一条记录储存在词典中。

此处应用的概念词典主要是指北京大学计算语言学研究所开发的中文概念词典[125,126]（Chinese Concept Dictionary，CCD）。

在该概念词典中，名词（或动词）概念之间的主要关系是上下位关系：概念 C' 称为概念 C 的下位概念（hyponymy concept）或概念 C 是概念 C' 的上位概念（hyponymy concept），当且仅当命题 C' is a kind of C 为真。定义概念 C 是概念 C' 的祖先概念或概念 C' 是概念 C 的子孙概念，当且仅当存在概念 $C_1,C_2,...,C_n$ 使得 C' 是 C_1 的下位概念，……，C_n 是 C 的下位概念。

三、概念密度

概念密度表示相关概念在文本中的聚集程度，此处将其定义为：

$$g(c) = \sum_{t \in S} f(t) / K^{d-1} \qquad (7\text{-}1)$$

式中，集合 S 是项集特征向量 P 中概念 c 的所有下位概念的项的集合，t 是属于集合 S 的特征项，$f(t)$ 是 t 的频率，d 是 t 的概念到概念 c 的最短路径长度，K 是常数，且 $K > 1$。

四、概念映射

输入文本经过分词和停用词处理后，获取文本的物理结构信息。这里主要获得文本每个段落的项集特征量，经过概念映射后，得到概念集特征向量。

设文本 T 具有 n 个自然段，P 表示自然段，则有如下组成关系：

$$T = P_1 \cup P_2 \cup P_3 \cup \cdots \cup P_n \qquad (7\text{-}2)$$

而对每个段落 I 可用项集特征向量表示：

$$P_i = (<t_{i1}, d_{i1}, f_{i1}>, <t_{i2}, d_{i2}, f_{i2}>, \cdots, <t_{ij}, d_{ij}, f_{ij}>) \tag{7-3}$$

式中，t_{ij} 为特征项，d_{ij} 为分词时词典中获取的 t_{ij} 的概念码，f_{ij} 为特征项 t_{ij} 的频率。

为此，定义概念映射：$\Phi(P, \lambda): P \xrightarrow{\Phi} Q$。其中，$P$ 为项集特征向量，Q 为概念集特征向量：

$$Q - (<c_{i1}, g_{i1}>, <c_{i2}, g_{i2}>, \ldots, <c_{ij}, g_{ij}>) \tag{7-4}$$

式中，λ 层的概念结点的代码，g_{ij} 是 c_{ij} 的概念密度。

第三节　基于概念的逻辑段落划分方法

本书从更加广泛的词义出发，建立一种以特征词概念为中心的逻辑段落结构，在此基础上实现了基于段落的匹配机制，体现段落个性化特点，提高分类效果。

本书构建基于语义概念的文本表示模型是为了弥补向量空间模型在语言知识和领域知识中的不足，同时为实现基于概念的段落化匹配提供段落划分依据。

模型构建过程可以用图 7-1 表示。

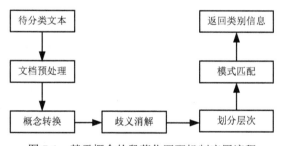

图 7-1　基于概念的段落化匹配机制应用流程

一、文档预处理

按照传统的文本分类方法，先对文本进行分词，把文本表示成一段词语序列，并计算其权值信息。本书应用课题组自行改进的 TF-IDF 统计方法计算特征项的权重。设总的文档数为 N，包含词条 t 的文档数为 n，其中某一类 C 中包含词条 t 的文档数为 m，则 t 在 C 类中计算公式为：

$$IDF = \log\left(\frac{m}{n} \times N\right) \qquad (7\text{-}5)$$

如果在某一类 C 中包含词条 t 的文档数量大，而在其他类中包含词条 t 的文档数量小的话，则 t 能够代表 C 类的文本的特征，具有很好的类别区分能力。如果除 C 类外，包含词条 t 的文档数为 k，则公式的变形形式为：

$$IDF = \log\left(\frac{m}{m+k} \times N\right) \qquad (7\text{-}6)$$

二、概念变换

经过预处理的待分类文本可以表示成以概念词语及其权重为个体的向量，而概念变换则是通过查询概念词典得到每一个词语对应的一个或多个概念。以概念来表征文本特征，不但可以正确地表示文本的本质内容，同时，利用概念的抽象性还可将数个同义词语归结为一个概念。用概念来衡量特征词对类别的影响，获取关键概念及其他概念与关键概念的关系，就可能模拟人类的分类过程并可以达到较高的准确率。

三、词义消歧

通常我们认为，多义词在某个特定的文本中表示的意义往往只有一个，也就是特征的语义局域性。词义消歧[127]的目的就是从一个词的所有可能的意思中剪除不相关的语义而保留正确的语义。

反映在文本分类过程中，分词和概念转换过程中会出现未登录词、没有概念标注的词和一词具有多个概念标注等情况。

（1）未登录词、无概念标注词语。在含有词 ω 的段落中，统计共现词频数 $f(\omega t)=l$，l 为 ω 与 t 共同出现的句子数。获取频数最大者 t 的概念结点 c，将 ω 的概念标注定义为 c 的子结点，c 为其父结点。

（2）一个词语具有多个概念标注。假设词典中 ω 有 m 个概念标注 $c_1, c_2, ..., c_m$，在含有词 ω 的段落中，统计共现概率函数为 $h_\omega(c_i) = \frac{1}{D}\sum f(c_i, t)$，$D$ 为 c_i 的子结点数，T 是一棵以 c_i 为顶点的子树，$f(c_i, t)$ 是 t 在段落中的频率，取共现概率函数最大者为 c 的概念标注。

四、应用特征词聚类的文本段落划分方法

同一层次的若干自然段，由于共同支持该层次所表达主题思想在概念上具有很强的集聚性，在使用的频率上也往往具有很大的相同之处。因此，通过特征词的聚类算法能够实现文本逻辑段落的有效划分，从而实现文本的段落化匹配。

设文本 T 具有 n 个自然段，K 个层次，用 H 表示文本层次，P 表示自然段，则有如下组成关系：

$$H_1H_2...H_k = (P_{i_1}...P_{i_2-1})(P_{i_2}...P_{i_3-1})(P_{i_k}...P_{i_{k+1}-1}) \tag{7-7}$$

式中，$i_1 = 1 \leqslant i_2 \leqslant ...i_k \leqslant i_{k+1} - 1 = n$。

设文本 T 的特征向量为 $(c_1, c_2, ..., c_m)$，则设 $P_1 = (\omega_{i1}, \omega_{i2}, ..., \omega_{ij})$ 为第 i 段的特征向量。其中，ω_{ij} 是概念 c 在第 i 段中的概念密度。

将 n 个段落划分为 K 个层次，则所有可能的分法共有 C_{n-1}^{K-1} 种，设 $S(n,k)$ 是任一种分法，其中：

$$S(n,k) = \{i_1 = 1, i_1 + 1, ..., i_2 - 1\}, ..., \{i_j, i_j + 1, ..., i_{j+1} - 1\}, ..., \{i_k, i_k + 1, ..., n\}$$

有序聚类就是寻找一种分法使 K 个层次内差异尽可能小，而层次间的差异尽可能大。设 $D(i_j, i_{j+1} - 1)$ 表示第 j 层内的差异量，则误差函数为：

$$E(S(n,K)) = \sum_{j=1}^{K} (i_j, i_{j+1} - 1) \tag{7-8}$$

为了使上述总体误差函数达到最小，寻求最优的 K 分法，相当于把 n 个段落分成两个部分，将前一部分进行最优 $K-1$ 分法，然后再考虑后一部分的误差，由此寻找到最优 K 分法。

设 $S(n, K, c_K)$ 是使总体误差函数达到最小的分法，其中 c_K 是上述最佳分法的分割点 i_K，则有如下递推公式：

$$E(S_0(n, K, c_K)) = \min\{E(S_0(i_{K-1}, K-1, c_{K-1}) + D(i_K, n))\}$$

文本层数的确定关系到文本逻辑结构的建立，它可以通过给定阈值 ℓ，当 $|E(S(n, K+1) - E(S(n, K))| \leqslant \ell$ 时，则最优层数为 K。

五、文本分类的段落化匹配实现

在采用 VSM 进行分类的分类过程中，由于 VSM 依赖于两个文本所共同包含的特征项的多少，往往是那些冗长的文本易于取得较高的相似度，因为包含的特

征项较多，增加了共现的几率，实际上仅仅是偶然提及或者出现的语境不同，这就给分类造成一定的困难。而一个文本真正属于一个类别必须存在与该类别相关的段落，如首段或者末段，这样可以防止"假相关"现象[128]。

而基于概念和关联扩充的文本分类机制不仅利用概念和关联扩充降低文本特征项之间的相关性和歧义性，同时在文本与类别特征向量相关的基础上，考察段落特征向量与文本类别特征向量之间的关系，最后确定分类的类别，从而实施分类。

六、逻辑段落概念词语的单一性

上述提出的基于概念的文本结构分析产生的逻辑段落既可以实现段落化匹配，还能够减少无效段落对于匹配的干扰。但是，由于实施以概念为中心的匹配需要选取能够代表中心概念的词语，也就不可避免地会出现同义词匹配的误差。同时，如"教师"一词可以有效地区别教育类文献，但是如果选取"教师"一词作为概念中心词，则出现"教授""讲师"之类的词语则不能有效辨识。为此，需要以"教师"一词为中心进行相关词语的词义扩充以及相关知识相近搭配扩充。

为解决该问题，本书参考文献[129]引入了关联词语扩充解决词义搭配扩充问题，引入同义词概念扩充进行概念词的同义词扩充，提高匹配率。

七、基于概念的概念扩充和关联词语扩充

1. 关联词语扩充

关联词语扩充的目的在于主题词在搭配方面的扩充。关联词语扩充的依据是关联矩阵，关联矩阵来自于相应语料库的统计结果，表明某一词与其他词之间的搭配频率，在一定程度上可以提供该词出现的上下文环境信息。

选取相应的文本集作为统计语料，主要计算词汇之间的共现频率，计算的单位为句子。在统计时选取实词参加运算，滤去虚词和停用词，以减少运算量和提高词汇特征的表现能力。虚词有数词、量词、介词等；停用词为高频词和一些不常用的低频词，如工作、研究、进行、认为等。

另一个值得考虑的因素是词汇之间的距离，计算的单位是句子，所以两个词汇必须是句子内相邻词，其关联强度随着距离的增大而减少，超过一定距离时，可以认为无关联。因此，将距离因素加入关联系数表达式中。

设 $K > 1$ 为允许的最大关联距离常数，l 为词 t_i 与 t_j 之间的距离。若 t_i 与 t_j 是同

一个句子中距离小于 K 的相邻词，则其局部关联系数为：$r_{ij} = \dfrac{\log_2\left(\dfrac{K}{l}\right)}{\log_2 K}$，否则令其关联系数 $r_{ij} = 0$。

设 tf_i 表示 t_i 的出现频数，tf_j 表示 t_j 的出现频数，S_{ij} 表示 t_i 与 t_j 的共现句的集合，即同时包含 t_i 与 t_j 的句子集合，关联矩阵 $A = (a_{ij})$，称 a_{ij} 为词 t_i 与 t_j 之间的关联系数，则有：

$$a_{ij} = \frac{\sum\limits_{t \notin S} r_{ij}}{tf_i + tf_j} \tag{7-9}$$

通过以上运算形成关联矩阵，对于类别的原始特征向量 P_0 中每一项 t_i 在关联矩阵中选取与之关联度最大的前 L 个词作为关联扩充，经过整理获得类别的关联特征向量 $P_0 = (<a_1, \omega_1>, <a_2, \omega_2>, ..., <a_n, \omega_n>)$。

2. 同义概念扩充

概念扩充就是将若干个低级概念节点归结为较高级概念节点，这是一个迭代过程，直至所有的概念节点彼此独立。为了防止概念扩充后的概念层次过高，造成含义过于笼统失去具体含义，而概念扩充过程可以将其限制在指定的概念层次之下。选择合适的概念层次，将其作为扩充的临界层 λ。

定义概念扩充 $\Phi(P, \lambda): P_0 \to P_c$。其中，$P_0$ 为文本特征向量，P_c 为概念特征向量。$P_0 = (<t_1, f_1>, <t_2, f_2>, ..., <t_n, f_n>)$ 和 $P_c = (<c_1, g_1>, <c_2, g_2>, ..., <c_n, g_n>)$ 是概念结点的代码，其层数小于或者等于临界层 λ，g_1 是 c_1 的概念密度。其中概念密度为：$\dfrac{\sum\limits_{t \notin S} f(t)}{K^{d=1}}$。

它表示概念在特征向量中的集聚程度。其中，集合 S 是概念 c 的所有下位概念的项的集合，t 是属于集合 S 的特征项，$f(t)$ 是 t 的权重，d 是 t 的概念结点到概念 c 的最短路径长度，K 是常数（$K > 1$，如 $K = \sqrt{2}, K = 2$ 等）。

对于非登录词和没有概念标注的词汇，将其作为一个 λ 层的概念结点，其子结点集合为空，权重设为频率值。

第四节 段落化文本分类实现

基于概念和关联扩充的文本分类机制不仅可以利用概念和关联扩充降低文本特征项之间的相关性和歧义性,同时也可以在文本与类别特征向量相关的基础上,考察段落特征向量与文本类别特征向量之间的关系,最后确定文档的类别,从而决定是否加以分类。

假设文本的分类为 $C = \{C_1, C_2, ..., C_m\}$, C 为文本集, $C_i(i = 1, 2, ...m)$ 为划分的类别, $C_i = (<t_{i1}, f_{i1}>, <t_{i2}, f_{i2}>, ..., <t_{is}, f_{is}>), t_{ij}, f_{ij}(i = 1, 2, ..., s)$ 是类别 i 的主题词表及其权重值,称 C_i 为类别的原始特征向量。

设待分类文本为 T , $T = \{P_0, P_1, ..., P_n\}$, $P_i(i = 1, 2, ..., n)$ 为文本段落, $P_i = (<t_{i1}, \omega_{i1}>, <t_{i2}, \omega_{i2}>, ..., <t_{is}, \omega_{is}>), t_{ij}, \omega_{ij}(j = 1, 2, ..., s)$ 是段落 i 的主题词表及其权重值,称 P_i 为段落的原始特征向量。值得指出的是 P_0 为文本标题。

对于文本类别原始特征向量 $C_i(i = 1, 2, ..., m)$ 和段落原始特征向量 $P_i(i = 1, 2, ..., n)$ 实行概念扩充操作,最终获得类别特征向量 LC_i 和段落特征向量 LP_i ,即

$$LC_i = \Omega(\Phi(C_i, \lambda), l), \quad (i = 1, 2, ..., m) \tag{7-10}$$

$$LP_i = \Omega(\Phi(P_i, \lambda), l), \quad (i = 1, 2, ..., n) \tag{7-11}$$

定义段落特征向量和类别特征向量的相似度为:

$$sim(C_i, P_j) = \frac{LC_i^T LC_j}{\| LC_i^T \| \| LC_j \|} \tag{7-12}$$

文本与类别 CP_i 的相似度定义为:

$$sim_{Class}(T, C_i) = W_T sim(T, C_i) + W_H sim(P_0, C_i) + W_F sim(P_1, C_i) + W_L sim(P_n, C_i) \tag{7-13}$$

式中, W_T 、 W_H 、 W_F 、 W_L 为可调参数,表示了文本各个段落在分类过程中的重要性。文本 T 属于类别 C_K ,则 $K = \arg\max\limits_{1 \leqslant i \leqslant m} sim_{Class}(T, C_i)$ 。

为了防止因为简单的提及、偶然的出现或者分类语境不同,造成的分类错误,要考察重要段落的分类趋势。同时文本中的各个段落对于文本主题的表现能力也有差异,这就需要通过简单的综合评价来获取该文本对于分类的影响程度。在依

靠全局相似度进行预选的基础上，进行更为确切的局部相似度运算，来判断文本归属的类别。

第五节　实验与分析

实验过程中所采用的语料、实验环境、基本实验配置和第六章相关实验中的相同。

一、文本分类实验

在下面的分类实验中，我们将采用这三个参数来评估分类的性能。同时，在应用上述方法进行文本层次划分过程中，我们参照文献[130]给出的划分文本层次的结果，不同长度的文本其层数大都在 2～6 之间，此处取 6。

实验采用了来自网络的 Reuters 新闻语料集，该语料集是在文本分类研究中广泛使用的语料库。1987 年修订的 Reuters-21578 共有 21578 个文档。在实验中我们使用了其中 ECAT、CCAT、GCAT 和 MCAT 这四个类，随机选取 1700 篇文本。其中 700 篇作为测试文本集合，其余 1000 篇作为训练文本集合，四个类共 4000 篇文本。我们在这 4000 篇训练文本中分别取 200、800、1600、3200、4000 共 5 组训练文本集合进行分类实验。相关数据集有用参数见表 7-1。

表 7-1　训练集统计数据

编号	文本数量	词条数目	概念数
1	200	3983	8060
2	800	9038	11364
3	1600	12795	13030
4	3200	18107	14487
5	4000	19696	14894

实验中我们采用基于空间向量模型（VSM）以及基于文中所涉及的方法进行分类比较实验，并且其中应用作者课题组[101]自行设计实现的文本分类器，相关分类准确率如图 7-2 所示。

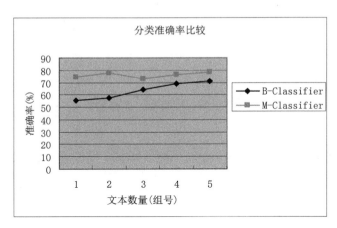

图 7-2　分类精度比较图

图 7-2 所示分类精度比较图中，B-Classifier 表示采用基本 VSM 模型进行文本表示的分类器，即图 7-2 中 B-Classifier 对应的曲线所示；M-Classifier 采用文中基于概念的段落化匹配机制的向量空间模型进行文本表示的分类器，即图 7-2 中 M-Classifier 对应的曲线所示。

从图 7-2 可以看出当训练文本集合的规模从 200 篇到 4000 篇逐渐增大时，前者的分类准确率从 85.11%上升到 88.36%；而后者的分类准确率从 45.36%上升到 60.86%。非常明显，采用文中改进的文本表示模型进行文本表示的分类器，其分类准确率总是比采用基于词根的向量空间模型进行文本表示的分类器的高。

同样，在图 7-3 中，B-Classifier 表示采用简单 VSM 模型进行文本表示的分类器，即图 7-3 中 B-Classifier 对应的曲线所示；M-Classifier 采用文中基于概念的段落化匹配机制的向量空间模型进行文本表示的分类器，即图 7-3 中 M-Classifier 对应的曲线所示。

从图 7-3 可以看出，当训练文本集合的规模从 200 篇到 4000 篇逐渐增大时，前者的分类召回率从 84.4%上升到 89.55%；而后者的分类召回率从 48.11%上升到 63.25%。很明显，与分类准确率变化情况相似，采用本书设计的文本表示模型进行文本表示的分类器，其分类召回率总是比采用基于词根的向量空间模型进行文本表示的分类器的高。

从图 7-2、图 7-3 中可以看到：基于文中所涉及的方法在处理训练文本集合小的情况时，与基于词根的文本表示模型相比，能挖掘出更多的表现训练文本集合内容的语义特征，从而提高文本分类的准确率和召回率。

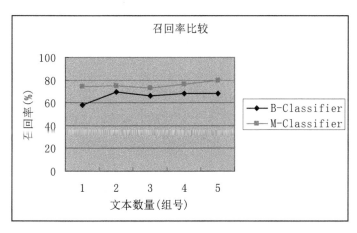

图 7-3　召回率比较图

二、信息过滤效果测试实验

由于文中设计的基于上述概念分析的段落化分类策略最终要应用于基于内容的信息过滤中。因此，实验中还将上述分类器应用于网络信息过滤的测试实验。实验中，应用了色情、暴力和合法三个类别进行训练和测试，训练和测试文档集均选自搜狗大规模语料库，每个类别各选取 1200 篇，其中 1000 篇用于训练，200篇用于测试。其中合法类别是从非暴力和色情的文档集合中随即选取的 1200 篇文档。训练后测试结果见表 7-2。

表 7-2　过滤效果测试统计数据

类别	文本数量	有效过滤数		准确率（%）	
		整体匹配	段落化匹配	整体匹配	段落化匹配
色情	200	187	192	93.50	96.00
暴力	200	176	184	83.00	92.00
合法	200	143	161	71.50	80.05

从表 7-2 可以看出，改进算法表现了较好的过滤效果，同时，色情暴力等具有鲜明特色的类别具有更好的分类效果，而我们最终要过滤的就是该类不良信息。

综合上述数据可以看出，上述匹配和分类策略应用于信息过滤具有较好的过滤不良信息的能力，因此上述方法的应用是有效的。

第六节　小结

　　本章根据待过滤文本缺乏语义特性的缺陷，引入了基于概念的逻辑段落划分方法，解决使用传统自然段落进行匹配造成的匹配率较低的问题。

第八章　基于微粒群的协作过滤模板动态调整

第一节　引言

在文本过滤过程中，为了提高过滤效果，需要不断地对过滤模板进行调整。研究表明，使用非常简单的反馈技术就能产生非常好的分类效果。反馈机制是信息过滤的重要组成部分，是指在初始过滤的基础上，通过对过滤结果进行分析处理，得到新的过滤信息并利用此信息进行再次过滤，以引导逐渐逼近用户的信息需求，从而提高文本过滤准确率。

近年来，反馈机制逐渐用于网络信息过滤中。在网络信息过滤的研究中，有众多网络信息过滤方法，最为典型的是向量空间模型[130]。文献[130-134]给出了构造用户需求向量的各种方法。然而，用户兴趣爱好会随着时间的推移而发生漂移，导致固定的用户兴趣模板不能正确反映用户的动态需求。只有用户不断交互，才能对过滤模板进行修正。如果没有用户的反馈，就无法判别过滤系统的过滤效果，也无法修正用户兴趣需求的偏差。因此有必要将反馈机制引入到网络信息过滤中，进行机器学习，更新过滤模板相关参数，改进用户兴趣模型，改善过滤效果。

因此，本书在信息过滤中引入反馈机制搜集用户反馈信息，并且利用微粒群算法对搜集的反馈信息进行优化学习，从而实现对过滤模板的动态调整。

第二节　基于种群动态迁移的改进微粒群算法

粒子群优化算法是一种源于动物群体行为的随机、启发式算法，由 Kennedy和 Eberhart[135,136]于 1995 年提出。在该算法中，群体中的每个个体均作为群体中的一个点成为粒子，每个粒子在搜索空间内动态改变速度。粒子运行过程中，通过动态调整和改变速度等方式，对自己最佳位置和历史位置最佳邻居进行记忆，实现对于全局最优解的寻找。

自从该算法被引入以来，由于其实现的简单性、性能的有效性以及算法自身的鲁棒性，引起了广泛的关注[137,138]，并且在多层神经网络的训练[141]、标准函数优化[138]、系统辨识[139]以及求排列[140]等诸多问题中得到了较好的应用。尽管实践证明粒子群优化算法有求解优化问题的能力，但是一些研究人员指出，PSO 依然存在易陷入早熟收敛和局部寻优能力差等缺陷，尤其是在处理复杂多峰值问题方面更为明显[139]。

针对标准微粒群算法存在的缺陷，相关研究人员中已提出很多改进策略，出现了很多微粒群算法的变体，实验证明，这些变体在不同程度上提高了微粒群算法的性能。总结起来，这些变体主要包括参数选择改进[140,141]、算法本身的自适应调整[142-149]、结合进化策略[150-156]以及同其他优化算法相结合[157-161]。特别是 Eberhart[137]和 Poli[139]具有更大的借鉴意义。

受自然界生物群体集体迁徙的启发，本书提出一种基于种群动态迁移的改进微粒群算法。在该算法中，微粒群的每一个粒子中的成员均从解空间中随机采样产生，从而将解空间划分成几个子种群，每个种群都按照微粒群算法的原理进行优化。同时，种群和种群之间，又按照迁徙原理进行种群间移动，从而保持了整个种群的多样性。本章第二节第一小节介绍了经典微粒群算法以及公认的改进策略，第二节第二小节至第四小节提出了一种基于粒子迁移的微粒群算法，而第二节第五小节则将该改进算法通过 MATLAB 在常用测试函数上进行了测试和验证，最后对结论以及将来可能的改进进行了总结。

一、传统微粒群算法

在经典微粒群算法中，每一个粒子均代表问题空间的一个潜在解，微粒群初始化以后，选择出来的种群采用进化计算中的"种群"和"进化"的概念，根据个体对搜索空间的适应度值大小对个体的优劣进行评价。与进化算法不同，PSO 算法不对个体使用进化算子，而是将每个个体抽象成搜索空间中没有体积质量，只有速度和位置的粒子。

假设在一个 D 维搜索空间中，有一个群体规模为 N 的粒子群落，其中每个粒子 $i(i=1,2,...,N)$ 在空间中的位置可表示为 $x_i=(x_{i1},x_{i2},...,x_{iD})$，粒子 i 的速度用 $v_i=(v_{i1},v_{i2},...,v_{iD})$ 表示，则粒子 i 在更新到第 t 代时，第 $d(d=1,2,...,D)$ 维子空间中的速度、位置更新方程如下：

$$v_{id}(t+1) = wv_{id}(t) + c_1 rand_1(p_{id}(t) - x_{id}(t)) + c_2 rand_2(p_{gd}(t) - x_{id}(t)) \quad (8\text{-}1)$$

$$x_{id}(t+1) = x_{id}(t) + v_{id}(t+1) \quad （8\text{-}2）$$

式中，$p_{id}(t)$ 表示当前代粒子 i 的历史最优位置；$p_{gd}(t)$ 表示当前代种群的全局历史最优位置；w 为惯性权重，较大的 w 值有利于全局搜索，而较小的 w 值有利于局部开发；c_1、c_2 为加速因子，通常取值在 $0\sim2$ 之间；$rand_1$、$rand_2$ 为服从 $0\sim1$ 上均匀分布的两个相互独立的随机数。为防止在迭代过程中粒子冲出搜索空间，需要对速度及位置的取值范围加以限定，若限定 $|x_i| \leqslant x_{\max}$，则可将速度设为 $v_{\max} = lx_{\max}$，其中 $0.1 \leqslant l \leqslant 1.0$。

应用微粒群算法解决优化问题的过程中，每一个粒子按照式（8-1）更新速度，按照式（8-2）更新粒子位置。每个粒子在运行过程中，均记忆其在运行过程中的最佳位置，并且根据其他粒子的经验调整其记忆。这就意味着，如果一个粒子能够得到一个具有最优解潜质的位置，那么其他粒子则向他靠近并更新自己的记忆。这一过程不断重复，直到找到最优解或者达到了预先设定的运行限制。

二、基于线性递减惯性权重调整方法（linearly）

适当地控制粒子全局搜索能力以及局部搜索能力是微粒群算法研究的两个课题，Shi 和 Eberhart[162]最早提出了微粒群算法中惯性权重的概念，以平衡微粒群算法局部搜索能力和全局搜索能力之间的关系。通常情况下，惯性权重值 w 越大，算法全局搜索能力越强，惯性权重值 w 越小，算法局部搜索能力越强。基于线性递减惯性权重调整方法就是避免在算法早期过早的收敛而在算法后期不收敛。文献[162]给出了这一改进算法的思想，在这一改进中，通过下面的公式调整惯性权重：

$$\omega = \omega_{\max} - \frac{\omega_{\max} - \omega_{\min}}{iter_{\max}} \quad （8\text{-}3）$$

式中，$iter$ 是当前迭代次数，而 $iter_{\max}$ 为最大迭代次数。一般情况下，惯性权重值 w 取值范围在 $0.4\sim0.9$ 之间。因此，惯性权重在算法运行初期采用较大值，而在算法后期采用较小值。

三、变加速度微粒群算法

虽然线性惯性递减权重能够加快找到最优解的速度，但是这一方法的调整能力是有限的，主要在于该方法使得算法后期种群多样性降低，使得可能算法找不到最优解。基于种群变加速度的微粒群算法则可以解决这一问题，这一方法鼓励算法早期粒子在全局范围内进行搜索不会过早收敛于局部最优解，而在算法后期则鼓励向最优解进行靠拢和搜索。该方法中，粒子运行过程中通过改变加速度 c_1 和 c_2，从而调整粒子记忆因素和其他粒子对其影响因素在粒子运行过程中的影响。这样一来，粒子在早期有较大的记忆因素和较小的社会因素，从而使粒子可以在整个空间中搜索，避免粒子簇拥在一些超级粒子周围；而在算法运行后期，粒子则有较小的记忆因素和较大的社会影响因素，粒子则可以更快地向最优解靠近，具体方法可以通过下面的公式进行调节[163]：

$$c_1 = (c_{1f} - c_{1i})\frac{iter}{iter_{\max}} + c_{1i}$$

$$c_2 = (c_{2f} - c_{2i})\frac{iter}{iter_{\max}} + c_{2i}$$

（8-4）

式中，c_{1i}、c_{1f}、c_{2i} 和 c_{2f} 分别指初始以及最后的社会因素加速比，通常 $c_{1i} = c_{2f} = 2.5$，$c_{1f} = c_{2i} = 0.5$。

四、引入迁移思想的微粒群算法

通过上面的分析可以看出，微粒群算法中有两个关键因素影响算法的性能和效率。一个因素是适当地平衡算法探索能力和局部搜索能力，上面给出的线性递减惯性权重和变减速度策略能够较好的解决这一问题，使得算法性能得到较好的改进；另一个因素是保持种群的多样性，因此，我们引入粒子的迁移思想，该思想源于动物群体的迁徙行为，一个动物群体迁徙到另一个群体周围，则可以增加两个群体的多样性。该思想如图 8-1 所示。

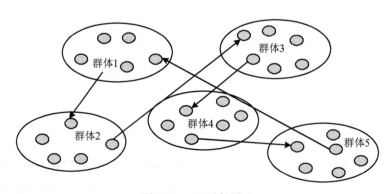

图 8-1　迁移思想图示

引入迁移思想的微粒群算法可以用下列步骤进行表述，如图 8-2 所示。

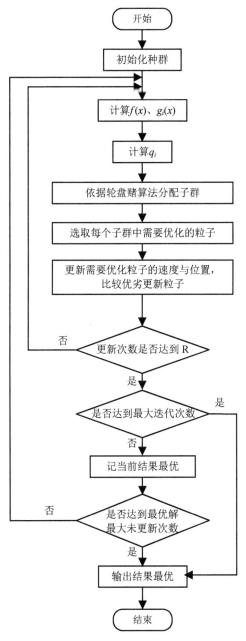

图 8-2　引入迁移思想的微粒群算法

五、实验分析

在微粒群算法效果测试中，有很多公认的基准测试函数，这些测试函数都具有局部最优解，极易产生早熟行为，因此往往难以优化，但是实际上这些函数均具有全局最优解的存在。表 8-1 列出了部分函数的最优解以及参数范围。

表 8-1　部分函数的最优解以及参数范围

函数名称	函数公式	取值范围	初始值
Sphere	$f(x)=\sum_{i=1}^{n}x_i^2$	$x_i\in[-5.12,5.12]$	0
Weighted Sphere	$f(x)=\sum_{i=1}^{n}(ix_i^2)$	$x_i\in[-5.12,5.12]$	0
Schwefel's	$f(x)=\sum_{i=1}^{n}\sum_{j=1}^{i}x_j^2$	$x_i\in[-65.536,65.536]$	0
Rosenbrock	$f(x)=\sum_{i=1}^{n-1}(100(x_{i+1}-x_i^2)^2+(x_i-1)^2)$	$x_i\in[-2.048,2.048]$	0
Rastrigin	$f(x)=10n+\sum_{i=1}^{n}(x_i^2-10\cos(2\pi x_i))$	$x_i\in[-5.12,5.12]$	0
Griewank	$f(x)=\frac{1}{4000}\sum_{i=1}^{n}x_i^2-\prod_{i=1}^{n}\cos\left(\frac{x_i}{\sqrt{i}}\right)+1$	$x_i\in[-600,600]$	0
Schwefel	$f(x)=418.9829n-\sum_{i=1}^{n}(x_i\sin\sqrt{|x_i|})$	$x_i\in[-500,500]$	0
Ackley	$f(x)=20+e-20\exp\left(-0.2\sqrt{\frac{1}{n}\sum_{i=1}^{n}x_i^2}\right)-\exp\left(\frac{1}{n}\sum_{i=1}^{n}\cos(2\pi x_i)\right)$	$x_i\in[-32.786,32.786]$	0

为了测试本书算法的有效性，本书将前面提到的基本微粒群算法（classic PSO）、线性递减惯性权重微粒群算法（LPSO）、变加速度微粒群算法（LPSO-TVAC）和本书提出的基于迁移的微粒群算法（MPSO）进行比较。

在基本微粒群算法中，惯性权重系数为 0.9，加速度都是 2.0。线性递减惯性权重微粒群算法（LPSO）中采用了 Eberhart 从 shi 中推荐的参数，其中惯性权重范围为 0.4～0.9，加速度系数为 2.0；变加速度微粒群算法（LPSO-TVAC）中，记忆组成部分是线性加速度系数采用 2.5 至 0.5 线性递减，社会因素线性加速度系数从 0.5 增加到 2.5；本书基于迁移的微粒群算法（MPSO）采用以下默认值：p=5，其中 p 为子种群数目，r=0.4，r 为子种群迁移概率，迁移区间为 5。其他测试参数同文献[162]中的设置。每个测试函数均进行了三次不同规模的测试，群体规模分别为 10、20 和 30，每个规模上的测试所对应的最大代数为 1000、1500 和 2000，种群大小均设置为 40。进行 50 次实验，记录最好的三次结果，各种方法在不同函数上的运行结果如图 8-3 所示。

Function	Dimension	Generation	PSO	LPSO	LPSO-TVAC	MPSO
Sphere	10	1000	1.2250	0	0	0
	20	1500	10.4144	0	0	0
	30	2000	27.3661	0	0	0
Weighted shpere	10	1000	5.5397	0	0	0
	20	1500	100.3120	4.5613	0.6816	0
	30	2000	402.4097	30.6184	4.8759	0.0524
Schwefel's	10	1000	535.3144	0	0	0
	20	1500	13411.3546	661.4250	25.7698	0
	30	2000	58920.6005	4363.6868	884.7634	8.5899
Rosenbrock	10	1000	25.7328	4.0469	1.7815	1.0194
	20	1500	207.8258	20.5068	13.7679	6.228
	30	2000	590.3556	39.4433	32.9951	11.6365
Rastrigin	10	1000	38.8794	3.0346	2.7636	1.84065
	20	1500	137.0605	16.6929	14.63304	7.9915
	30	2000	255.0153	46.5757	37.1872	17.7272
Griewank	10	1000	5.0169	0.0854	0.0749	0.0504
	20	1500	36.5880	0.0307	0.0225	0.0098
	30	2000	94.8735	0.0149	0.0170	0.0061
Schwefel	10	1000	841.1588	633.7827	320.7916	105.6773
	20	1500	2818.7608	1578.6844	1044.4540	417.1019
	30	2000	5489.5560	2766.0077	1923.3555	857.0456
Ackley	10	1000	8.7200	0	0	0
	20	1500	13.6639	0	0	0
	30	2000	15.8166	0	0	0

图 8-3　各种方法在不同函数上的运行结果

从图 8-3 可以看出，对于函数 Sphere 和 Ackley，LPSO、LPSO-TVAC 以及 MPSO 三种方法比经典微粒群更容易找到最优解，在其他测试函数上，文中所提到的方法均优于 PSO、LPSO 以及 LPSO-TVAC 三种方法。

图 8-4 至图 8-7 给出了四种方法分别在 Rosenbrock、Rastrigin、Griewank 和 Schwefel 四个基准函数上平均适应度值随着代数变化的曲线。从这四个图中可以看出，经典微粒群算法下降较快，更够更快地找到最优解。而文中提出的改进算法与其他三种方法相比，能够更好地避开局部最优解，具有更好的能力，它能有效地防止早熟收敛和显著提高收敛速度和准确性。

六、结论

本书在分析目前微粒群研究主要问题的前提下，结合物种迁移思想，引入一种改进的微粒群算法，并且实验也证明了改进的有效性。此后相关研究应该集中在参数的选择上，使得改进算法更够更好地适应更加复杂的优化问题。

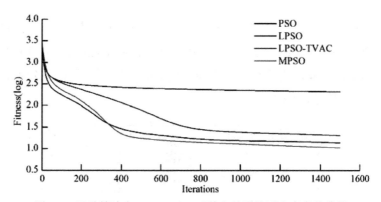

图 8-4 四种算法在 Rosenbrock 函数上的平均适应度变化曲线

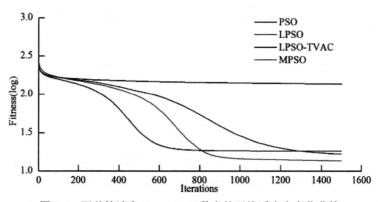

图 8-5 四种算法在 Rastrigin 函数上的平均适应度变化曲线

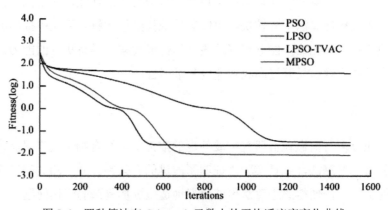

图 8-6 四种算法在 Griewank 函数上的平均适应度变化曲线

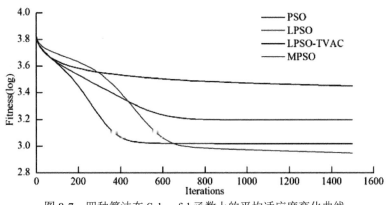

图 8-7　四种算法在 Schwefel 函数上的平均适应度变化曲线

第三节　基于微粒群的模板动态更新

内容过滤是信息过滤中最基本的一种方法[162-166]。在内容过滤中，把每个用户的信息需求表示成一个用户兴趣模型，即表示成向量空间中的一个用户向量，并通过对文本集内的文本进行分词、标引、词频统计加权等过程来生成一个文本向量，然后计算用户向量和文本向量之间的相似度，并主动将相似度高的文本发送给该用户模型的注册用户。用户在接收到文本信息后，可以对新信息进行兴趣评价，比如可以评价为相关和不相关。在此基础上，过滤系统可以利用反馈信息对用户模型进行修改和维护，在用户和系统的互动中提高获取信息的效率和质量[167]。

内容过滤根据信息资源与用户兴趣相似性来过滤信息，每个用户都独立操作，不需要考虑别人的兴趣爱好。内容过滤虽然简单、有效，但是也存在一些问题：

（1）难以区分同一主题过滤结果的内容质量好坏，并且随着信息数量的剧增，属于同一主题的信息也在增加，从长远考虑内容过滤的效率和质量会降低。

（2）不能为用户发现新的感兴趣的信息，只能发现和用户已有兴趣相似的信息。

（3）如果采用的内容过滤方法不当，匹配计算不准确，将会导致过滤结果很不准确，存在许多不感兴趣的信息。

一、协作过滤技术

协作过滤在信息过滤和推荐系统中正迅速成为一项很受欢迎的技术[168,169]。协作过滤的出发点在于任何人的兴趣都不是孤立的，应处于某个群体中。

协作过滤是指分析用户兴趣，在用户群中找到与指定用户的兴趣相同或相似的用户，综合这些相同或相似用户对某一信息的评价，形成系统对该指定用户对此信息的喜好程度预测。协作过滤可直观地描述为：将用户和信息项构成一个矩阵，即用户-信息项（User-Item）矩阵，见表 8-2。

表 8-2　用户-信息项（User-Item）矩阵

	Item1	Item2	Item3	Item4
User1	?	2	3	4
User2	3	?	2	2
User3	3	4	1	?
User4	1	2	4	3

其中，矩阵中已有的值是用户对相应信息项的兴趣评价（如评价级别从低到高为 1～4），未知值是需要系统给出的预测。协作过滤的过程就是根据已知值来预测未知值的过程。

协作过滤的实现一般分为两步：第一，获得用户信息，即获得用户对某些信息项的评价；第二，分析用户之间的相似性并预测特定用户对某一信息的喜好。

与内容过滤相比，协作过滤有下列优点：

（1）能够过滤难以进行机器自动内容分析的信息，如艺术品、音乐、电影、电子邮件等。

（2）能够基于一些复杂的、难以表述的概念，如信息质量、品味等进行过滤。

（3）具有推荐新信息的能力。

当然，协作过滤也有不足之处：

（1）在系统运行起始阶段，由于参与系统评价的用户很少，很多信息项没有被评价，存在早期级别问题。例如在科技文献协作过滤系统中，一篇文献如果没有被任何用户评价过，那么过滤系统将无法对该文献进行预测推荐；当用户首次使用系统并且未评价过任何文献或使用过几次但评价了很少的文献时，那么过滤系统也很难给该用户提供准确的推荐服务。

（2)存在稀疏性问题。由于信息项的数目通常远大于用户所能接受的信息数，并且用户很少愿意对浏览过的信息给予兴趣评价，即使评价数量一般也很少，这就使得用户-信息项矩阵很稀疏，实际参与相似性计算和预测计算的评价级别很少，很难发现相似的用户和提供准确的推荐。

（3）基于用户预测算法中计算用户相似性时需要对所有系统用户进行相似性计算，随着系统用户和信息资源的增多，计算量会变大，系统性能会越来越低，存在可扩展性问题。

二、混合过滤可行性分析

对于内容过滤存在的第（1）和第（2）个问题，协作过滤正好可以弥补。协作过滤充分利用用户的评价信息，当用户阅读过一些信息后，他们对同一主题的高质量信息给予高的评价级别，对低质量信息给予低的或很低的评价级别，在下一次进行协作过滤时，系统可以利用兴趣相同或相似用户对一些信息的喜好评价给当前用户提供很好的推荐，使用户较容易区分同一主题的信息好坏，同时也可以给用户推荐其他一些新信息。

对于第（3）个问题，如果与协作过滤结合，当评价级别数增多后，协作过滤准确性会提高，这样就可以提高结合两种过滤技术的系统的准确性。

对于协作过滤存在的第（1）和第（2）个问题，如果与内容过滤相结合也可以得到解决。内容过滤根据信息资源与用户兴趣相似性来过滤信息，不存在评价级别多少的问题，只要相似性高就能被过滤出来推荐给用户，使得许多文本可能在没有任何人阅读并评价之前被过滤出推荐给用户；并且用户可以对内容过滤的结果进行兴趣评价，增加系统的评价级别数目，这些优点使得内容过滤不受早期级别问题和稀疏性问题的影响，反而可以使它们得到较好的解决。

总之，为了使过滤系统的结果更准确，给用户提供更好的个性化信息服务，针对内容过滤和协作过滤存在的优缺点，我们有必要将两者结合，充分利用它们的优点，克服相互的缺点，使过滤系统的性能得到提高。

三、基本框架

国外已有一些系统结合使用了内容过滤和协作过滤技术，系统性能都得到了提高[170,171]。在结合两种过滤技术方面，主要的问题在于怎样结合。本书通过引入粒子群实现客户端与客户端、客户端与服务器之间的协调优化，提高信息过滤的效果。它包括三个组成部分：客户端、服务端和数据库系统结构，如图 8-8 所示。

用户模型生成模块通过分析用户的信息需求，形成不同用户的兴趣模型；匹配模块负责进行内容过滤；浏览或评价文本模块以可视化的方式让用户浏览过滤的结果，并可以对文本进行兴趣反馈评价；已被评价的文本集保存用户评价过的文本，既可用于反馈模块，用来刷新用户兴趣模型，也可用于协作预测模块，用来进行协作过滤推荐；过滤引擎是系统的调度核心，把匹配模块或协作预测模块的过滤结果主动发送给用户，并可根据用户反馈信息刷新用户兴趣模型。

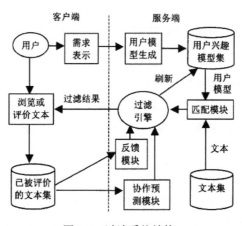

图 8-8　过滤系统结构

四、基于微粒群的动态模板更新信息获取

由于利用反馈机制可以很好地改善用户所提交查询的质量，许多研究者对反馈机制展开了深入的研究并提出了许多实现反馈机制的途径，按照使用的反馈信息的不同将反馈分为相关反馈、伪反馈和隐式反馈。

1. 用户参与信息获取

用户参与信息的获取通常称为显示反馈[170]，是一种用户参与的反馈过程。该过程的核心思想是：用户虽不能全面、清晰地表达自己的兴趣需求，但是对被过滤的文档是否符合自己的过滤意图做出判断比较容易。

该方法通过用户的参与基本可以准确地发现用户的真实需求，扩展后的过滤模板能很好地反映用户的真实意图，因此效果比较理想。但是该方法只适用于被过滤文档比较少的情况，如果待过滤的文档比较多，用户要一一对其做出判断，无疑给用户增加了负担，用户可能没有足够的耐心，完整的相关文档和不相关文档不可能得到。

2. 隐式信息获取

隐式信息获取主要是指通过记录用户的浏览行为、浏览记录等来获取反馈信息，将用户的行为习惯扩展到查询中去，使查询更接近用户的意图。

隐式信息质量虽然远远不如获取的用户参与信息，但是它弥补了获取的用户参与信息的缺陷，它不需要用户的参与，收集比较容易，大大减轻了用户的负担，在不影响用户工作的情况下优化过滤效果，因此，隐式反馈较显式反馈有更大的潜力。

隐式反馈虽然减轻了用户的负担，却要利用其他的辅助工具作为补偿，如需要用相应的辅助工具获取用户的浏览行为等，因此实现难度相对较高。

3. 过滤结果随机获取

过滤结果的随机获取[171]并不需要用户真正的反馈，它是用户参与信息获取的改进。但是，与用户参与信息获取不同的是，对于被过滤文档，并不需要用户的直接参与，而是由系统独立完成。起初的方法是将被过滤掉的前 N 篇文档作为返回文档，虽然这些文档不一定全是相关文档，但大都是应该被过滤的文档。因此，可以在此基础上进行模板扩展更新。该方法既避免了用户的额外操作，减轻了用户的负担，又使得模板更新过程变得简单、方便，是一种行之有效的改进过滤效果的方法。

五、基于改进微粒群算法的协作过滤实现

在混合过滤模型中，协作过滤部分是要通过客户端与服务器之间的数据交换、客户端之间的数据交换实现对模板进行更新，其最终目标是提高过滤效果（包括查全率、查准率和 F1 测度）。因此，在粒子群算法中，我们把信息过滤看作一个查全率、查准率和 F1 测度的多目标优化问题，在这个优化问题中，其中初始模板作为认知因素，而各个客户端返回的综合信息作为社会因素，使用查全率、查准率和 F1 测度作为粒子移动的动力，最终实现优化效果。

根据上述内容过滤和协作过滤主要思想，混合过滤模型主要流程如下：

Step1：服务器端应用遗传优化生成过滤模板。

Step2：将过滤模板发送给客户端实施过滤，将各个客户端作为一个粒子，为防止粒子数目过多，可在用户增加到一定数量时将粒子进行分组，形成基于子群的 PSO。

Step3：客户端实施过滤并将过滤结果提交服务器以及其他客户端，作为粒子群寻优过程的社会因素，在此过程也记录用户浏览记录等用户行为并提交。

Step4：将初始模板和原始训练集作为认知因素，结合上述社会因素进行模板更新和调整。

Step5：判断调整后的新位置三个优化目标值，确定是否进行模板更新，如果更新需要就发给提交反馈的用户，相当于粒子位置发生改变。

第四节　实验与分析

一、评价指标

因文本内容过滤具有普适性，目前成为广大专家学者研究的重点。而文本内容过滤中的评价指标通常采用信息检索中的评价指标，如查准率、查全率、F 值、Utility 等。在基于反馈机制的过滤系统中，也可以用此指标评价反馈性能的好坏。

查全率和查准率的公式定义如下：

查全率：
$$R_i = \frac{N_{CP_i}}{N_{c_i}} \tag{8-5}$$

查准率：
$$P_i = \frac{N_{CP_i}}{N_{P_i}} \tag{8-6}$$

式中，N_{C_i} 是实际属于 c_i 的测试文档数；N_{P_i} 是系统预测为 c_i 的文档数；N_{CP_i} 是过滤系统正确分类的文档数。查全率和查准率反映分类质量的两个不同侧面，两者必须综合考虑，不可偏废。为了更好地评价过滤性能的好坏，F 值对查全率和查准率进行了折中。F 值的公式为：

$$F_i = \frac{(\beta^2 + 1)P_i \cdot R_i}{\beta^2 P_i + R_i} \tag{8-7}$$

式中，F_i 是第 i 个类别的 F 值，β 是控制查全率和查准率权重关系的参数。通常采用常用的 F_1 值来评价过滤系统性能，此时，β 取值为 1。

Utility 又名效率指标，是一个线性函数。基于内容的过滤系统对待过滤文本的识别可能有下面四种情况，见表 8-3。

表 8-3　文本过滤的四种可能情况

情况	相关	不相关
检出	R_1 / A	N_1 / B
未检出	R_0 / C	N_0 / D

Utility 对这四种情况赋相应的权重，公式如下：

$$Utility = A \cdot R_1 + B \cdot N_1 + C \cdot R_0 + D \cdot N_0 \qquad (8\text{-}8)$$

这里的 R_1、R_0、N_1、N_0 指的是每个主题四种文本的数量，A、B、C、D 决定了每种情况的代价。Utility 值越大，表明系统的过滤性能就越好。

二、实验分析

分类算法的性能代表模板的好坏。为了比较反馈前和反馈后的模板，需要一个公共的语料库。由于中文信息过滤系统没有统一的语料供系统测试使用，并且信息过滤具有一定的时效性，所以以国际 TREC 语料格式为标准，从权威网站上选择下载了 7142 篇文本作为实验语料。为了测试经过反馈后系统的性能，本书还建立了一个反馈训练集，用于对系统进行反馈训练。实验语料共分为暴力、环境、计算机、教育、经济、色情、体育、医药、政治 9 个主题类别，其中训练集 3603 篇、反馈训练集 1767 篇、测试集 1772 篇。详细分布信息见表 8-4。从表 8-4 中可以看出，训练集、反馈训练集和测试集的比例是 2:1:1。

表 8-4　实验数据分布

类型	政治	经济	暴力	体育	教育	计算机	色情	医药	环境
训练集	402	398	401	400	406	402	386	405	403
反馈训练集	198	182	195	205	204	200	188	199	196
测试集	197	195	200	193	206	187	186	205	203

本书采用基于字典的分词算法，TF-IDF 作为权重的计算公式，rocchio 分类方法进行了实验。经过多次实验，得到反馈算法中的参数的取值：初始反馈过滤阈值 $\varphi=0.5$，修改因子 $\alpha=0.2$，$\phi=0.003$，$m=100$，$b=2$，$c=3$。为了评价反馈过滤系统性能的好坏，本书将反馈训练前的查全率和查准率与反馈训练后的查全率和查准率做了比较和分析。根据实验结果，分别以查全率为纵坐标和以类别为横

坐标，以查准率为纵坐标和以类别为横坐标绘制图 8-9 和图 8-10。

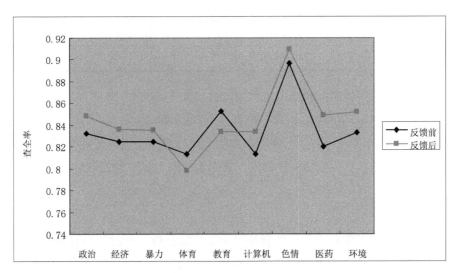

图 8-9　反馈训练前和反馈训练后查全率比较

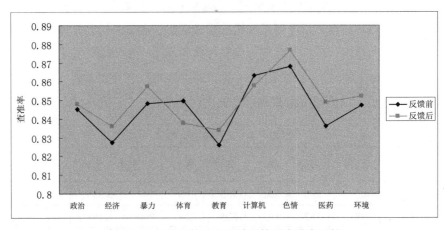

图 8-10　反馈训练前和反馈训练后查准率比较

通过图 8-9 和图 8-10 的信息，我们可以看出：

（1）对于查全率（图 8-9），除了体育和计算机外，其余类别的查全率经过反馈训练后均有一定程度的提高。从而验证了，类别模板在反馈学习中得到了优化。我们的增量反馈方案是有效的、切实可行的。

（2）对于查准率（图 8-10），体育和教育反馈训练后的查准率略低于反馈前的，其余类别的查准率均略高于反馈前。这也从另一个反面说明论文中提出的反馈方案是可行的、有效的。

从图 8-10 中，我们还可以看出，色情的查准率和查全率都比其他类别高，这是由于色情的类别特征比较明显和典型。在实验中，我们尽可能多地收集停用词、特殊符号等，并且对特征选择进行人工干预，以使分类效果更好。我们的反馈算法能够动态地修改模板，比重新训练样本能节约大量的处理时间，更适合用在实时过滤系统中。

第五节　小结

本章根据过滤模板需要动态更新的特点，引入微粒群算法并结合协作过滤主要思想，实现了基于微粒群的协作过滤模板动态更新，同时，本章还针对目前微粒群算法存在的问题，提出了融合迁徙思想的改进微粒群，并在常用测试函数上进行了实验论证。

第九章　基于反馈增量学习的过滤模板更新机制

第一节　反馈增量学习

目前网络上存在大量时效性比较强的文本，如重大事件、各类新闻专题及突发报道等，其特点是具有较强的时效性和突发性，且这些事件或报道都会随着时间、背景、地点等的不同发生显著的变化，因此固定的训练数据不能对新的数据进行预测分析，需要对新数据进行学习，不断地适应新数据的发展趋势，以满足用户的真正需求。增量学习是解决该问题的有效方法。增量学习是一种得到广泛研究与应用的智能化知识发现技术，是否具有良好的增量学习功能已经成为评价分类器性能优劣的重要标准。增量学习[172]是在机器已经受过训练的基础上，从新的数据中学习新的以后可能会成为有用信息的过程。

过滤模板的自学习是优化网络信息过滤系统的常用方法。传统的过滤模板自学习大都是与反馈思想相结合，收集到反馈文档集，再与训练集结合重新对其进行训练，该方法能在很大程度上优化过滤效果。然而，由于训练集重新参与训练无疑增加了系统的开销，效率相对较低。将增量学习算法与反馈思想相结合[173]应用于网络信息过率系统能够在优化过滤效果的基础上减少系统的开销。反馈增量学习算法的核心思想是只训练反馈文档集，从反馈文档中重新学习新的数据特征来更新模板，使得模板在动态学习的过程中能够追踪网络最新动态。

在进行伪反馈信息的学习时，通过单次反馈学习效果并不理想，有时还会使得过滤系统的性能变得更差，而且特征词的选取及相关文档的选取都十分困难。如果选择比较少的反馈文档进行学习，起不到优化过滤效果的作用；如果选择比较多的反馈文档，有可能学习到不相关的文档，导致过滤模板中出现大量的噪声数据，直接影响过滤系统的性能及模板的准确性。

第二节　过滤模板更新机制

在网络信息过滤中，非法文本的内容会随着时间的变化呈现不同的变化，过滤模板的更新反映了这种变化。过滤模板随待过滤文本内容的变化及时更新，很大程度上决定了信息过滤系统的性能及效率。在第六章中重点论述了过滤模板创建的两种方法，本节就这两种方法重点讲解过滤模板的更新。

一、本书反馈信息获取方法

反馈信息的获取是增量学习的基础工作，本书通过设定阈值的方法将文档归属于某一类别的概率大于阈值的文档视为相关文档加入反馈集，阈值计算公式如下：

$$\theta = \frac{1}{m} \sum_j p(c_i \big| d_j) \tag{9-1}$$

式中，m 为与类别 c_i 相关的文档数，d_j 为与类别 c_i 相关的文档。

二、基于示例文档的过滤模板增量学习

在基于示例文档的过滤模板构建的过滤系统中，过滤系统对网络文本进行过滤的同时，定期地接收伪反馈文档并根据用户的反馈信息及时地调整过滤模板以优化过滤效果，提高过滤的准确性，从而过滤掉不良信息，同时提供给用户真正需要的信息。目前，比较成熟的过滤系统都是利用改进的 Rocchio[174]算法学习伪反馈信息。公式如下：

$$q_{new} = \alpha q_{orig} + \frac{\beta}{|D_r|} \sum_{\forall \vec{d_j} \in D_r} \vec{d_j} - \frac{\gamma}{|D_m|} \sum_{\forall \vec{d_j} \in Dm} \vec{d_j} \tag{9-2}$$

式中，D_r 是伪反馈正例文档集，D_m 是伪反馈反例文档集，q_{new} 是调整之后的过滤模板向量，q_{orig} 是调整之前的过滤模板向量，$\vec{d_j}$ 是伪反馈文档向量，α、β、γ 分别为各文档向量的调节因子。Rocchio 反馈算法[175]的思想就是从伪相关反馈文档中抽取最具有区分能力的特征词加入过滤模板中，并相应地修正该特征词在过滤模板中的权重，增强其在过滤模板中的代表性，同时从伪反馈反例文档

中抽取相应的不相关特征词，以降低其在过滤模板中的权重，削弱其对过滤模板的影响，使得过滤模板逐渐逼近用户的真实需求。Rocchio 反馈公式是向量空间模型中的典型代表，后来又衍生出效果比较好的两种不同的反馈算法，即"Ide dec-hi"和"Idec regular"。其公式如下：

$$Ide-dec-hiQ_{i+1} = Q_i + \sum_{rel-docs} D_i - \sum_{onenonrel-doc} D_i \qquad (9\text{-}3)$$

$$Ide-regularQ_{i+1} = Q_i + \sum_{rel-docs} D_i - \sum_{nonrel-docs} D_i \qquad (9\text{-}4)$$

上述算法的基本思想都是结合伪相关反馈向量及初始过滤模板向量形成新向量。公式中没有为过滤模板加入任何新特征项，它们的作用仅仅是通过设置调节因子调整特征项在过滤模板中的权重。三者在权重调整方面存在显著差异，Rocchio 采用了标准化的调节因子方法，Idec dec-hi 方法是直接向过滤模板中加入伪相关反馈文档向量的实际权值及最不相关的一篇反馈文档向量的实际权重来调整模板权重。而 Idec regular 方法则是使用所有相关及不相关文档的实际特征权重向量参与过滤模板特征向量的权重调整。

三、基于文本分类的过滤模板增量学习

文本分类方法可以应用于网络信息过滤。目前对于分类算法的研究，都是以提高分类模板的学习效果为目的的。为使分类模板能够动态地追踪用户需求，不断逼近理想模板，必须将"训练—分类"算法结合反馈技术训练出更为理想的"训练—分类—再学习"的分类模板。反馈学习的文本是被错误分类的文本，分类器没有包含这些文本的信息，而那些被分类器正确分类的文本没必要进行再学习。因此，在保证反馈效果的基础上，为节省训练时间，反馈学习的真正含义是增量训练伪反馈文档，不断地修正分类器，以达到使分类模板不断完善的目的。训练—分类—再学习算法的基本步骤如下：

第一步：给定训练文本集，通过应用合适的学习算法，计算出各个类别的含义以建立各个类别的初始中心向量和阈值，形成初始分类器。

第二步：对每个分类器给出待分类文本，将其与每个类别的中心向量及阈值进行匹配计算，给出文本所属的类别。

第三步：系统通过对分类结果的判断，收集相应的反馈信息，利用这些反馈信息重新调分类器的中心向量和阈值。

几乎所有的基于向量空间模型的文本分类方法都与反馈技术相结合，如朴素贝叶斯分类、类中心向量最近距离判别分类、K-近邻分类等。下面分别介绍上述分类的反馈算法。

（1）朴素贝叶斯分类反馈算法。

步骤一：算法的输入为新文本向量 $D(W_1,W_2,\cdots,W_n)$ 和对应的类别 C。读出类别 C 的中心向量 $C(p_1,p_2,\cdots,p_n)$ 和该类别包含特征项数 n 及所有词数 m。

步骤二：根据类别 C 的几何平均中心向量求出向量 $C'(q_1,q_2,\cdots,q_n)$，其中 $q_n=(m+n)\cdot p_n+1$。

步骤三：利用向量 C' 调整原始中心向量。使用公式 $p_i=\dfrac{1+q_i+w_i}{n+\sum\limits_{i=1}^{n}(q_i+w_i)}$ 得到

调整后的中心向量 $C(p_1,p_2,\cdots,p_n)$。

（2）类中心向量分类反馈算法。

步骤一：算法的输入为新文本向量 $D(W_1,W_2,\cdots,W_n)$ 和对应的类别 C。读出类别 C 的中心向量 $C(p_1,p_2,\cdots,p_n)$ 和该类别包含特征项数 n。

步骤二：根据类别 C 的几何平均中心向量求出向量 $C'(q_1,q_2,\cdots,q_n)$，其中 $q_n=n\cdot p_n$。

步骤三：利用向量 C' 调整原始中心向量。使用公式 $p_i=\dfrac{q_i+w_i}{n+1}$ 得到调整后的中心向量 $C(p_1,p_2,\cdots,p_n)$。

（3）K-近邻分类反馈算法。

K-近邻分类的反馈过程相对比较简单，由于在分类过程中它只是简单地将新文本跟训练文本进行匹配，所以只需将新文本向量和对应的类别 C 添加到原有的分类模板中以供下次分类使用即可。

第三节 基于反馈增量学习的过滤模板更新机制

一、GA 在过滤模板更新中的应用

遗传算法[104]是一种模拟生物群体进化的随机搜索和全局优化算法，它在向高

一级搜索过程中不断发现新的最优解领域，最终找到全局最优点，避免算法陷入局部最优解领域，具有快速随机的全局搜索能力[176]。遗传算法在优化方面具有其他算法无可比拟的优点。它是一种基于生物进化论和遗传学机理的概率搜索技术，群体搜索策略和个体之间的信息交换是 GA 的两大特点，特别适用于信息量大且复杂的搜索空间[177]。研究发现，将遗传算法引入到文本信息处理，特别是中文文本信息过滤的研究很少，主要集中在应用遗传算法进行特征选择以及生成类别模板，为捕获用户的动态兴趣需求，结合遗传算法和相关反馈优化过滤模板成为研究热点。遗传算法不是对单一特征项进行评价，而是对一个特征子集进行优劣评价，在保证所选特征子集组合最优化的同时，也省去了需考虑特征之间高度关联这一烦琐的工作。因此本书利用基于示例文档的模板构建方法及基于文本分类的模板构建方法构建过滤模板，然后利用遗传算法的优越性更新过滤模板。遗传算法的构成要素主要包括解的编码方法、种群的初始化、群体规模的确定、适应度函数的选择、遗传操作。遗传操作又称遗传算子，是体现生物进化机制的核心要素。

1. 解的编码方法

为了进行遗传计算，需要在解的原始表示形式与染色体表示形式之间建立对应关系，包括编码与译码。其中，编码是将问题解的原始数据表示为位串形式的染色体；译码则是将问题的染色体表示形式转化为原始数据。基本遗传算法采用二进制编码方法。一条染色体代表一固定长度的二进制位串，其中位串中的每一位代表一个基因，如 X=10010011 代表长度为 8 的一个染色体，染色体表示图如图 9-1 所示。在遗传算法的应用中，最重要的工作就是将问题的解表示成这样的染色体。

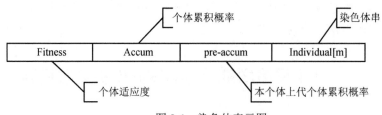

图 9-1　染色体表示图

图 9-1 中，Fitness、Accum、pre-accum 为染色体的属性信息，Fitness 表示该条染色体的个体适应度函数值；Accum 表示该染色体的累积概率；pre-accum 记

录该染色体上一代个体的累积概率。Individual[m]表示含有 m 位的随机染色体二进制位串。

2. 种群初始化

一般采用随机生成方法构造初始种群，也可以用经验方法构造，以减少进化的代数。但采用经验方法带来的问题是易使算法陷入局部最优解。对于某一类别反馈集，生成初始种群 T。设种群 T 中的个体 t 为一个 m 维向量，即 $t = (t_1, t_2, ..., t_m)$，其中 $t_i \in \{0, 1\}$（$i=1, 2, ...,m$）为染色体的第 i 个基因。

3. 种群规模的确定

在种群规模问题上，优化效果与计算效率之间存在着矛盾。种群规模越大，种群多样性就越好，就更有可能进化到最优解，但计算时间可能也会相应地增加。在实际应用中，通常使用一个不变的常数。也可使种群规模随着遗传代数的变化而变化，以获得较好的优化效果。

4. 适应度函数的选择

适应度函数表明个体对环境适应能力的强弱。适应度函数的选择直接关系到生成的特征子集的优劣，体现了对求解目标的要求。对于优化问题，通常取目标函数作为适应度函数。

5. 遗传操作

通过染色体上的遗传操作来实现解的搜索。基本的遗传操作包括选择、交叉、变异。交叉是基因重组的一种方式。通过改进遗传算法能够大大扩充遗传操作的种类。为保持种群的多样性，设置遗传参数如交叉概率、变异概率等进行遗传操作。选择、交叉、变异被称为主要遗传算子。

（1）选择。选择算子是从种群中按照个体的适应度值选择出较优良的个体，作为待繁殖的父代个体。选择过程中，尽量选择适应度高的个体而较少的选择适应度低的个体甚至淘汰掉适应度低的个体。直观地说，适应度高的个体可能会反复地被选择而适应度低的个体可能被选择的机会较小，甚至不被选择。选择算子是对生物进化中自然选择的模拟，保证了迭代过程中"适者生存"的种群进化现象。选择算子是影响遗传算法收敛效果的主要因素。

基本遗传算法中采用的选择算子是适应度比例选择法（轮盘赌方法）。该方法中，个体被选择的概率是其适应度值与群体总适应度值之比。可以将所有个体的选择概率表示在一个圆盘上，每个个体对应于圆盘上的一个扇区，该扇区反映了个体的选择概率。个体选择通过反复转动圆盘内的指针来实现，直到获得足够数量的用于繁殖的父代个体。

（2）交叉。交叉算子用于对父代个体的两个染色体进行交叉重组以产生新的染色体。交叉的实现方式是让两个父代个体的基因按照指定的位置互换，生成新个体。父代个体是否交叉及交叉的位置都随机确定。基因重组的一种主要方式是同源染色体基因互换。交叉算子是对生物有性繁殖中基因重组过程的模拟。通过这一过程既提高了种群个体的品质，又保证了种群的多样性。直观地说，交叉算子是用于生成包含更多优良基因的新个体。

最简单的交叉算子是单点交叉。它是指在个体编码串中只随机地设置一个交叉点，然后在该交叉点处相互交换两个配对个体的一部分染色体。单点交叉使染色体上靠近的等位基因仍然可以保持在一起，而距离相对远一点的等位基因则会被分开，单点交叉能保证具有良好编码的组块不被拆开，运用单点交叉可以避免遗传算法的搜索空间太大，而且不至于造成过早收敛等问题；但由于组块中等位基因间的链锁会随距离的增大而减弱，因此单点交叉位置有偏差。

多点交叉是单点交叉的扩展，其中存在多个交叉点，将父代染色体划分为多个子串的集合，然后交换子串形成新个体。

（3）突变。突变算子用于使染色体上的位串产生随机变化生成新个体。能遗传的突变是生物进化的重要手段，对于保证种群多样性有不可替代的作用。突变算子是对这一作用的模拟。常用的突变算子是按突变率随机翻转染色体上的基因位。具体方法是：针对染色体上每个基因为产生一个[0,1]区间内的服从均匀分布的随机数。如果某基因位产生的随机数小于突变概率，则发生基因翻转，即 0 变成 1，1 变成 0。在实际的应用中，突变概率通常较小。

6. 终止遗传操作

本书主要是利用最大进化代数设置终止条件，判断是否已进化到最大进化代数，若是则输出最优个体集，否则进行下一代遗传训练操作。

二、反馈信息中基于种群平均适应度的改进特征选择方法

在网络信息过滤系统中，探索使用反馈信息来调整模板向量，进行特征选择的更好方法将是一项艰巨的任务。特征选择的基本思想都是构造一个评估函数，对特征集的每个特征进行评估，如采用信息增益和互信息等信息理论函数进行特征选择，每个特征都获得一个评估分，然后对所有的特征按照其评估分的大小进行排序，选取预定数目的最佳特征作为特征子集。但是由于对特征间的关联性考虑不充分，这些方法选择的特征子集仍存在着冗余。反馈文档集中的特征之间比训练集存在更大的冗余，在对反馈文档集进行特征选择时，要综合考虑特征间冗余性及特征子集的最优性。

遗传算法作为一种随机搜索方法，避免考虑特征间的关联性，能很大程度上减少特征间的冗余性，且在优化方面具有其他算法无可比拟的优点。结合遗传算法的优点，提出一种反馈集中改进的基于种群平均适应度的特征选择方法。遗传算法在进化的最后一代通过判断个体适应度选择种群中适应度最大的个体生成最优特征子集。在过滤模板的增量学习算法中，学习的是反馈集中能代表类别的最佳个体。同一类别中，个体间相似度越大，越能代表类别特征。文中将个体 t 与其他所有个体的相似度均值作为个体 t 的适应度函数 $f(t)$，函数值越大，该个体与其他个体关系越密切，说明所选个体最能代表类别特征。个体间的相似度用式（9-5）表示：

$$\cos < individual[i], individual[k] \geqslant \cos < weight[i], weight[k] > \qquad (9\text{-}5)$$

式中，$weight[i]$、$weight[k]$分别为两个编码串 $individual[i]$、$individual[k]$解码后的权值向量，$group\_size$ 为种群数目。那么适应度函数表示为：

$$f[individual[i]] = \frac{\sum_{j=1}^{group\_size} \cos < weight[i], weight[j] >}{group\_size - 1} \qquad (9\text{-}6)$$

而个体的适应度大小不能完全反映每一个特征项对类别的贡献程度。为此做了改进，对于遗传算法最后一代生成的个体集，定义 $fit_i(s)$ 表示所有个体中第 i 个基因位为 s 的个体的平均适应值，即

$$fit_i(s) = \frac{1}{|\{t \in T; t_i = s\}|} \sum_{\substack{t \in T \\ t_i = s}} f(t) \qquad (9\text{-}7)$$

$s \in \{0,1\}$。当 $s=1$ 时，认为 $fit_i(1)$ 为染色体中第 i 个基因取 1 时对个体适应值影响力；当 $s=0$ 时，认为 $fit_i(0)$ 为染色体中第 i 个基因取 0 时对个体适应值的影响力。记 $\sigma_i = |fit_i(1) - fit_i(0)|$（$i=1, 2, ...,m$），$\sigma_i$ 值越大，表明第 i 个基因位置取不同的值对个体适应值的影响越大，即第 i 个基因位置的取值对个体适应值贡献越大。从遗传算法生成的初始特征子集中选择出其 σ_i 大于所有个体 σ_i 的均值

σ_{aver} 的特征为最终的最优特征子集，σ_{aver} 的计算公式如下：

$$\sigma_{aver} = \frac{1}{m}\sum_{i=1}^{m}\sigma_i \qquad (9\text{-}8)$$

三、基于朴素贝叶斯分类的过滤模板反馈增量学习

朴素贝叶斯分类以其简单、高效的特点已成为分类研究的重要方法。目前大多数文本分类系统存在训练集不完备且分类体系经常变更的缺陷，致使训练初期分类模板不够理想，模板的学习是其核心内容，通过增量学习来实现。分类模板在增量学习的过程中不断地动态逼近其理想模板，改善分类器的性能。它的过程可描述为首先在训练集上学习分类器的参数，生成初始分类器。然后将没有类别标记的文档经过初始分类器分类后，通过一个严格判断过程收集确认分类正确的文本集，重新修正分类器，使得各类别的先验概率以及各特征项的类条件概率能够更加精确，从而使得分类器的分类效果更好。

设初始训练集为 T，反馈文档集为 M。增量学习算法描述如下：

（1）分类器训练模块：针对训练集经训练算法训练后，生成各类别特征词表 T_l（l 为特征项数，表中包含特征词、特征词权重、词频、文档频率）、类条件概率表，生成初始分类器 C。

（2）反馈集收集模块：设定反馈阈值，使用初始分类器对测试集分类，将相似度大于类别反馈阈值的文档收集到该类别的反馈文档集。

（3）遗传算法模块：用基于种群平均适应度的改进特征选择方法训练各类别反馈文档集生成最优特征词表 M_t（t 为特征项数），统计反馈集中的各类别文档数等信息，然后送入反馈学习模块。

（4）反馈增量学习模块：利用遗传法模块反馈集生成的各个类别表项，为分类器 C 重新生成新的类别特征词表 P_n（n 为特征项数大小为 $l+t$ 个特征项中权重最大的前 n 个特征）、类别先验概率表及各特征项的类条件概率表以修正分类器 C。

结合反馈信息的贝叶斯分类增量学习算法框架图如图 9-2 所示。

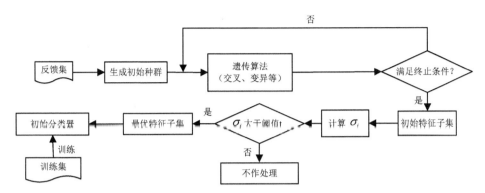

图 9-2　结合反馈信息的贝叶斯分类增量学习算法框架图

四、基于示例文档的过滤模板反馈增量学习算法

本书针对原始过滤模板进行优化，在遗传算法的最后一代分别统计反馈正反例集所有个体各特征项的 σ 值，针对每一 σ_i，如果 σ_i 大于某一设定阈值 t 如式（9-10）则将其加入反馈类别中心向量，生成反馈正、反例集类别中心向量 $F_1=(w_{1f1},w_{1f2},...,w_{1fl})$、$F_2=(w_{2f1},w_{2f2},...,w_{2sl})$，$l$、$s$ 表示最佳特征个数，w_{fi} 表示第 i 个特征项权重。最初模板类别中心向量为：$C'=(w_{t1},w_{t2},...,w_{tn})$，$n$ 表示特征个数，w_{ti} 表示第 i 个特征项权重。如果 F_1 中的特征项不存在 C' 中，将其直接加入 C' 中，否则按式（9-9）调整特征项权重：

$$w_{ti}=\frac{N_t \cdot w_{ti}+N_{f1}\cdot w_{1fi}-N_{f2}\cdot w_{2fi}}{N_t+N_{f1}-N_{f2}} \tag{9-9}$$

$$t=\frac{\sum_{i=1}^{m}\sigma_i}{m} \tag{9-10}$$

式中，N_t 表示训练集中该类别文档树，N_{f1} 表示反馈正例集中的文档数，N_{f2} 表示反馈反例集中的文档数，根据训练集和反馈集文档数的比例来调整特征项的权重。经调整后，某一特征项权重为负值则将其从模板中删除。

整个模板优化流程如图 9-3 所示。

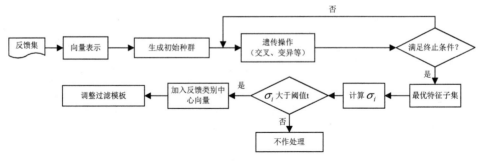

图 9-3　模板优化流程图

第四节　小结

　　本章主要是对反馈增量学习的相关理论进行了探讨，主要包括为何将反馈机制引入的到网络信息过滤中来、反馈信息的获取方法；作为本书信息过滤增量学习的重点，伪反馈要研究的主要问题、如何评价用户反馈信息的优劣及反馈增量学习的基本思想；讲述了两种过滤模板反馈增量学习方法，并给出用改进的特征选择方法选取反馈集中的新特征的方法。最后给出了改进的过滤模板增量学习算法（即基于朴素贝叶斯分类的过滤模板反馈增量学习算法和基于示例文档的过滤模板反馈增量学习算法）。

第十章　文本信息过滤原型系统

文本信息过滤系统作为一个单独的监视节点或网关软件的一部分，通过对网络信息流进行监控达到过滤的目的。在过滤过程中，不仅要考虑数据包捕获的完整性，同时还要考虑过滤的准确性及实时性，因此在文本信息过滤系统设计过程中，必须考虑系统的性能。本书前半部分针对文本信息过滤中存在的部分关键问题进行了研究和改进，本章将应用签名涉及的关键技术，构建一个具有较高性能的文本信息过滤模型，实现一个文本信息过滤系统。

第一节　系统设计方案

一、设计目标

网络信息过滤系统要实现对信息有效过滤，将用户感兴趣的信息保留，而对用户不感兴趣或不良信息进行有效屏蔽。因此，系统不仅需要考虑过滤精度，还需要考虑过滤的速度而不影响用户浏览网络信息。

针对第一章提出的信息过滤存在的问题、信息过滤系统本身特性以及本书中涉及的相关改进，本书力图设计并实现了网络文本信息过滤模型，能够自动对流经本机的信息进行了分类过滤，能够根据用户的设定，自动地进行 Web 页的 URL 过滤、关键词过滤以及内容过滤等，其中内容过滤是文本网络信息过滤系统的主体部分。

该系统设计目标如下：

（1）高性能：系统设计的网络信息过滤系统具有较高过滤速度以及准确率。

（2）先进性：系统开发中运用了机器学习、自然语言理解技术、遗传算法、模糊理论等先进算法理论。

（3）实用性：系统简单易操作，能够满足不同用户的过滤要求。

（4）可靠性：系统具有很高的过滤准确率，能有效避免网络信息的漏检误检。

（5）综合性：系统不仅仅能实现网络信息的有效过滤，还同时提供垃圾邮件等过滤。

二、系统逻辑结构

根据系统设计目标，该课题中设计了基于退火遗传算法的网络信息过滤系统，其逻辑结构如图 10-1 所示。

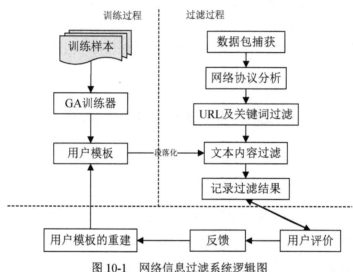

图 10-1　网络信息过滤系统逻辑图

从图 10-1 中我们可以看出，系统由训练过程、过滤过程和反馈过程组成。

三、系统设计思路

网络信息过滤系统主要是实现对不良信息或用户不感兴趣的信息的有效屏蔽，而保留用户感兴趣的信息。为了提高系统过滤的精度和速度，本系统主要采用三级过滤机制：首先设计了 URL 过滤，当接收到用户的一个网页请求时，首先将达到系统的该网页地址与系统中存在的白名单地址列表迅速匹配，如果该 URL 地址在白名单列表中，则对此网页不进行任何过滤，直接放行；如果不在白名单列表中则查看该网址是否在黑名单列表中，若存在则无需进行下一步的判断，直接将网页屏蔽。经过黑白名单过滤后没有被屏蔽的网页进入到关键词过滤模块，通过该网页中含有的词语是否有被包含在关键词列表中来进行过滤判断，如果存在，此网页将直接被过滤掉。通过上两级过滤后的文档将进入第三级的内容过滤模块，该模块主要通过对网页中包含的信息进行分类来决定网页的屏蔽与否，涉及的多种关键技术。

在这三级过滤模块中，URL 过滤原理简单、速度快，符合过滤系统所要求的高效性，但 URL 地址列表更新的速度几乎无法与每天产生非法网站的速度相一致，这将导致 URL 过滤的准确率降低。因此，我们设计了过滤性能较高的"内容过滤"模块，通过分析文档内容，使用系统中的分类器来进行分类从而决定网页中的内容是否被过滤。

四、系统基本框架

根据系统设计思路，本研究设计了基于文本改进策略的网络信息过滤原型系统，其结构如图 10-2 所示。

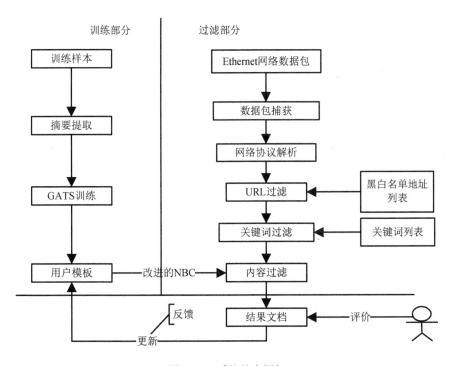

图 10-2　系统基本框架

由图 10-2 知，该过滤系统主要由三部分构成：数据包捕获、训练部分、过滤部分。

1. 数据包捕获

数据包捕获在整个信息过滤系统中起着至关重要的作用，如果数据包没有被捕获或者捕获不完全，将导致下面的工作无法进行，即使用户模板再优良，分类器分类效果再好，其他模块的性能也体现不出来，所以该部分在信息过滤系统中起着基础作用。

数据包捕获的实现机制依赖于 OS，不同的 OS 提供不同的方法进行数据链路层数据包到用户缓冲区的拷贝。根据各种数据包捕获方法的特点，本系统采用 Winsock2 SPI 进行应用层封包过滤。该截获技术工作在应用层，以 DLL 形式存在，编程简单、调试方便；不用根据具体的浏览器就可以分别进行编程，既简单又安全。

2. 训练部分

训练部分的主要功能是生成用户兴趣模板。在本系统中我们首先使用第三章介绍的应用词汇组合进行句子抽取的文本摘要方法对语料库中各个类别的内容进行压缩，提取摘要。使用文本摘要代替文本内容。接下来通过使用切词系统、特征选择、遗传禁忌训练等模块形成用户兴趣模板。

3. 过滤部分

过滤过程主要分为三部分：黑白名单过滤、关键词过滤、内容过滤。其中，前两步的实现是对网页整体进行过滤。过滤流程图如图 10-3 所示。

黑白名单过滤：本系统将黑白名单过滤作为三级过滤中的第一级过滤方式。此过滤方式是页面过滤的常用方式。黑名单列表中存在着非法网站的地址信息，白名单列表中存在合法网站的地址信息，当对一个网站进行过滤时，只需将该网站的网址与黑白名单列表相比较。如果在白名单中不进行任何过滤操作，相反若在黑名单中则直接将此网站屏蔽掉。

关键词过滤：经黑白名单过滤后，对网址不在黑白列表中的网站，进行关键词过滤。如果网页中包含的词语有在关键词过滤列表中，该网页直接被过滤掉。

内容过滤：内容过滤是三级过滤机制中最重要的过滤方式，本研究所探讨的是基于内容分块的过滤。一个网页包含的主题往往不止一类，如果将所有主题当作一个整体进行过滤会使其中符合用户兴趣的信息也被过滤掉，因此本系统采用分块机制，将一个网页按照主题分成多块，依据用户兴趣模板对每个主题单独进行分类判断，将不符合用户需求信息的部分过滤掉。内容过滤的具体过程如图 10-4 所示。

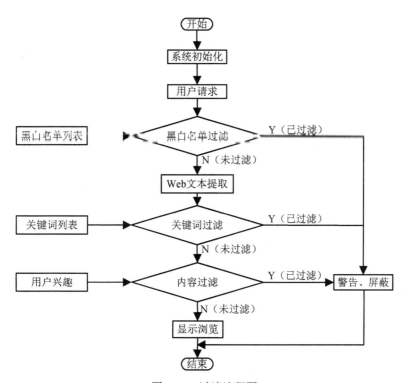

图 10-3 过滤流程图

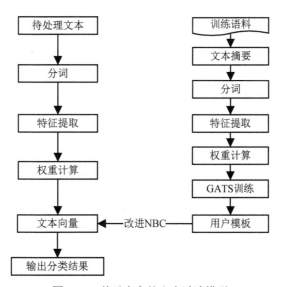

图 10-4 基于内容的文本过滤模型

第二节 系统模块设计

系统采用图 10-5 所示的信息过滤模块流程图，其中包含的主要模块有：摘要模块、分词模块、特征选择模块、权重模块、生成用户模板模块、比较过滤模块。其中，在生成用户模板采用的是本书介绍的遗传禁忌算法，使用此方法进行遗传训练最终形成模板。分类模块中采用的是改进后的朴素贝叶斯方法，此方法更适合本系统中用户模板的特点，提高了过滤效率。

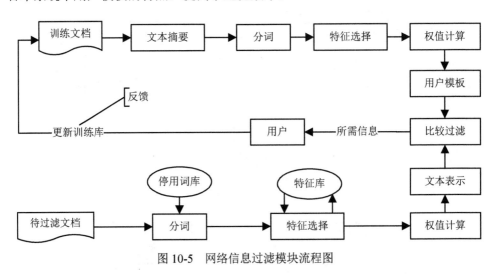

图 10-5 网络信息过滤模块流程图

一、文本摘要模块

本系统使用该模块对训练语料进行规范，提取出每篇文本所包含的重要句子来代替该篇文本参与下面一系列模块的操作。基于传统文本摘要方法存在的不足，本书采用基于词汇组合的方法进行句子的抽取来形成文摘。

二、分词模块

该模块主要用于实现文本的切词工作，本系统主要采用中国科学院计算机技术研究所研发的汉语词法分析系统 ICTCLAS，它采用多层隐马尔可夫模型的汉语词法分析系统，具有中文分词、词性标注、未登录词识别等功能，分类正确率高达 97.58%，召回率高于 90%。

三、特征选择模块

经过分词后，一篇文档就表示成多个词语的组合，构成文档的词汇数量之多会带来高维灾难，造成很大的计算压力，导致数据占用存储空间大，处理速度慢，并且不是每一个词汇对文本都有很强的表示能力。为降低文本的特征向量维数，提高模板过滤精度，去掉冗余特征，文档在经过分词并去掉停用词处理后，需要进行特征提取阶段，即特征选择阶段。特征选择是按照某种评价函数从文本表示模型的原始空间中选择部分评价较高的词汇，这样就可以达到空间降维的目的，也可以提高文本表示的准确率。

四、权值计算

确定特征项之后，由于各个特征项对文本内容的重要程度不同，例如：页面的正文中心句和标题等包含的特征词应赋予更高的权重，因此需要对文本所包含的特征项进行权值计算。目前大多数权值计算方法都是采用基于词频的方式来衡量特征项的权重，最常用的方法是把词频和文档频率结合起来使用的 TF-IDF 方法，本系统使用的也是此方法。

五、生成用户模板

对语料中的文本进行上述操作的目的主要就是生成用户模板，只有一个优质的用户模板才能提高分类的精度，为此该系统使用文中介绍的遗传禁忌算法来生成用户模板，具体生成过程如图 10-3 所示。

六、比较过滤模块

该部分采用三级过滤模式，首先采用黑名单地址过滤方式，屏蔽包含在黑名单列表中的非法网站；然后对进入二级过滤的网页进行关键词过滤，进行上面两步过滤后，如果该网页还没有被屏蔽掉，则对网页进行最后一级的文本内容过滤。本系统使用分块机制，对网页所包含的不同的主题内容利用文中介绍的改进后朴素贝叶斯分类方法进行分类，根据结果进行过滤。此方法适合该系统，具有良好的分类性能。

第三节　系统实现

一、系统界面设计

1. 服务器端

用户成功登录服务器端后，系统主界面如图 10-6 所示。服务器端包括五个子模块，分别是用户管理、系统名单设置、方案管理、模板训练和反馈控制。

图 10-6　服务器端主界面

用户管理模块主要完成添加、删除系统用户和用户密码修改。系统名单设置模块可实现对系统黑白名单的相关设置，包括添加删除及对名单所指向的网页进行内容解析，提取出该页面中所有网址和关键词，并写入数据库等功能。方案管理模块中面向不同用户，提供了多种过滤方案，其中系统中预先设定的方案有面向小学生、中学生、大学生及企业员工的过滤方案。模板训练模块主要进行过滤模板的训练，该模块将在之后详细介绍。反馈控制模块主要完成对客户端返回的用户反馈信息进行处理等功能。

当用户进入模板训练模块时，界面如图 10-7 所示。该界面各控件的功能是对用户选定类别的训练文档进行训练，从而形成选定类别的模板。在类别列表中，列出了已经存在的所有类别文档，用户也可通过类别操作部分自行添加、删除类别或文本。当用户选定相应类别时，文件列表中会显示该类别的文档。然后点击"训练所选类别"，即可开始训练，训练完成后，用户可查看所选类别的训练内容。

图 10-7　过滤模板训练模块

在图 10-7 中点击"动态种群控制"按钮，即可弹出 PSO 参数设置模块。用户可自行设置粒子数、最小误差、惯性权重初值、速度最大值、粒子维数及最大迭代次数，如图 10-8 所示。

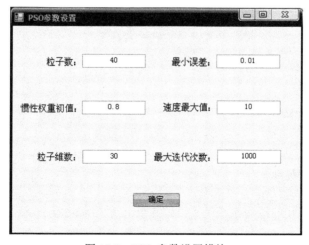

图 10-8　PSO 参数设置模块

2. 客户端

用户开启过滤系统后，客户端主界面如图 10-9 所示。客户端有六个子模块，分别与服务器端的相关设置相对应。方案管理模块可以对服务器端设定的不同过滤方案进行选择，从而实现相应功能，该模块还包含服务器端黑白名单相关设置的操作。关键词及标题模块都是对关键词的相关设置，只是两部分侧重点不同。对于内容过滤模块，用户可根据自己的需要，设定需要过滤的类别。综合设置模块可对过滤系统的过滤级别进行设置，以及选择系统可实现的过滤功能。而用户反馈模块则是收集用户的反馈信息并返回给服务器。

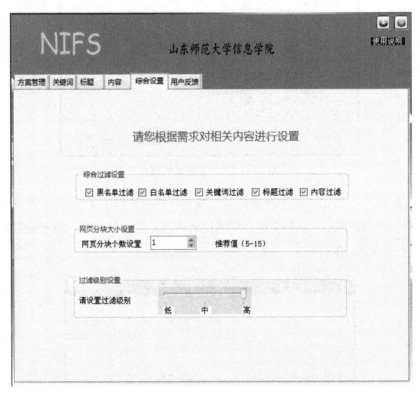

图 10-9　客户端主界面

二、过滤效果展示

由于本书设计的过滤系统基于三级过滤方案，因此效果展示部分，将按照不同过滤等级下的在浏览器中的过滤效果进行展示，如图 10-9 所示。

1. 黑名单过滤

当用户将 www.sina.com 加入系统黑名单后，重新启动浏览器进行访问时，效果如图 10-10 所示。

图 10-10　黑名单过滤

2. 关键词过滤

正常情况下，在浏览器中搜索"殴打"二字，并点击其百度百科进行查看，效果如图 10-11 所示。

图 10-11　设置过滤关键字前对百度百科的访问效果

现在将"殴打"二字设置为需要过滤的关键词，然后再点击其百度百科，效果如图 10-12 所示。

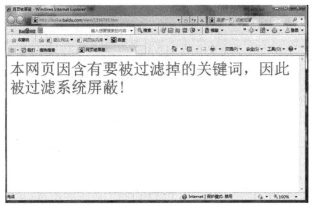

图 10-12　设置过滤关键字后对百度百科的访问效果

经过以上两级过滤，已经可以快速有效地过滤掉含相应网址和关键词的网页，但是这两级过滤方式能解决的问题有限，与之相比，内容过滤是更高级的一种过滤方式，尽管在过滤速度上稍有逊色，但能更智能地解决问题。

3. 内容过滤

内容过滤以文本分类为基础，它的基本过程是首先对网络文本进行分类，再依据用户定义的过滤类别设置，进行相应的过滤。当前网页中的内容很丰富，可能会含有多类别信息，对此，分块过滤是很有必要的。图 10-13 显示了当用户设定"色情"类文档需要被过滤时，在浏览器中搜索"两性"，点击一个相应网页的过滤效果。

图 10-13　内容的过滤

第四节　小结

　　本章在探索文本过滤关键技术及其改进的基础上，设计实现了一个文本信息过滤原型系统，并运用实例说明了本系统运行原理。

第十一章　结论与展望

本章介绍两部分内容，首先对已取得的研究成果加以总结，列出本书主要的创新点，然后介绍进一步的研究工作。

第一节　总结

网络信息过滤就是根据用户的信息需求，利用一定的工具从大规模的动态信息流中自动筛选出满足用户需求的信息，同时屏蔽掉无用的信息的过程。广义的信息过滤包括对文本、音频、图像、视频等多种信息存在形式的过滤处理，狭义的信息过滤是特指对文本信息的过滤处理。本书正是基于解决文本信息过滤中存在的问题而开展的。

英文信息过滤的研究开展较早，人们在用户模板、信息的比较和选择、自适应学习、共享评注和文档的可视化等方面都进行了一定程度的研究，但仍有较大的提升空间。中文信息过滤的研究起步较晚，近些年来，以 TREC 会议提供的较为成熟的评测过滤系统的指标为契机，国内的中科院软件所、清华大学、复旦大学、哈工大、东北大学以及微软亚洲研究院等机构相继开展了信息过滤技术特别是面向中文的信息过滤技术的研究，既积累了很多宝贵的经验，也取得了一些不错的成绩。但是，由于文本信息特别是中文信息特有的复杂性、多义性等特点，导致文本信息过滤研究中仍然存在很多问题亟待解决。

本书以文本信息过滤为目标，针对文本信息过滤特别是中文文本信息过滤中存在的以上问题展开研究，本书的创新点主要包括以下七个方面。

（1）针对传统的信息增益算法的缺陷，对其深入探讨，通过分析特征项的分布信息，通过引入类内离散度和类间离散度来改进信息增益计算方法，以提高分类精度。同时利用基本短语替代 BOW 中的词作为特征项，在一定程度上弥补了中文词法系统的不足。而且对特征项的位置、角色、分布等信息进行探讨，最终形成一个特征项联合权重计算方法。

（2）基于内容的文本信息过滤通常将过滤训练文档集转换为空间向量的形式供分类算法分析使用。但是，对训练文档集进行分词后通常产生大量的词汇，如果把所有词都用来表示类别，会增加文本过滤的运算时间和空间复杂度，且很多词对文本过滤的贡献小，甚至影响过滤效果。本书在研究相关特征权重计算方法基础上，综合考虑待匹配文档的文档权重、句子权重、段落权重、特征项权重以及上下文关系提出了一种新的应用于待过滤文档的特征权重计算方法。

（3）针对 PSO 算法易陷入早熟的缺陷，本书提出了一种基于自适应惯性权重的混沌粒子群算法，并将其应用于最优特征子集选取中，从而构建了用户过滤模板。本书详细介绍了特征子集优化所需解决的各种问题如粒子编码和初始种群生成、粒子速度及位置的更新、适应度评价方法等的具体设计方案，并进行了实验验证。

（4）无论采用什么方法建立的过滤模板，都只是过滤需求的一种近似表达。但是，针对某一专题的内容来讲，理论上都存在着一个真实的过滤模板，它能够准确地表达过滤需求，这个真实模板通过数学求解或实验方法是得不到的，只能通过对初始模板的调整使它不断逼近于真实模板。本书针对应用遗传算法解决中文文本信息过滤问题，建立了相应的问题模型，并在理论上证明其可行性。同时，还根据在实际应用中存在的问题，引入了自适应策略解决应用过程中存在的问题。

（5）应用向量空间模型进行的匹配和分类中，往往都是整个待分类文档的匹配和分类，从而忽略了待分类文本中的段落特征。同时，目前针对于段落的匹配机制也往往是针对传统的物理段落，即给不同的段落赋予不同的权值，从而使用这些段落进行匹配，这就带有一定的机械性。因为这些物理段落往往较短或者本身包含的信息过少，甚至有些段落包含对于分类有副作用的信息。特别是在过滤网络文本时，获得的网络数据文档往往都是一些附加信息，如果使用这些段落实施匹配，极其容易出现分类误差和匹配率较低的现象。本书从更加广泛的词义出发，建立一种以特征词概念为中心的逻辑段落结构，在此基础上实现了基于段落的匹配机制，体现段落个性化特点，提高分类效果。

（6）要想获得更好的分类效果，必须使用大量的训练文本对系统进行训练。而训练文本从收集、筛选再到人工标注需要耗费大量的人力、物力。待分类文档又名未标记文档，因不需要标注和整理，在使用过程中就可以获得，所以代价要小得多。如果能有效利用待分类文档来调整我们的系统，将会带来事半功倍的效果。本书在论述内容过滤和协作过滤两种主要技术的基础上，针对它们存在的问题，提出一种结合两种过滤技术的混合方法。该方法应用遗传优化生成服务器端初始模板，应用粒子群优化用户返回信息实现模板更新，并且针对传统微粒群算法进行改进。

（7）在对反馈增量学习的相关理论进行探讨的基础上，分析了两种过滤模板反馈增量学习方法，并给出用改进的特征选择方法选取反馈集中的新特征的方法，最后给出了改进的过滤模板增量学习算法，即基于朴素贝叶斯分类的过滤模板反馈增量学习算法和基于示例文档的过滤模板反馈增量学习算法。

第二节　进一步的工作

本书所做的研究仅仅是文本信息过滤相关领域研究的一部分，下一步将在原有研究成果的基础上，针对文本信息过滤领域开展更加广泛的研究。主要有以下几个研究思路和想法。

（1）语义模板的构建。在文本信息过滤，特别是内容过滤模块，基于模板比较的过滤方法具有较好的效果，但是由于生成的模板只能选取一部分特征项，而这些特征项之间也往往是孤立的，因此，研究目前内容过滤模板中加入语义元素，提高模板精度，是下一步需要研究和解决的问题。

（2）文本过滤系统的实用性探讨。本书所做的研究以及目前课题组所做的相关研究在系统开发方面还有许多需要解决的问题，主要表现在数据包的截获和分析技术的准确性以及时效性方面，特别是在时效性，成为影响目前在线过滤系统效率的一个重要因素。

（3）其他智能算法在文本信息过滤中的应用。本书主要研究和应用了遗传算法和微粒群算法，而其他智能算法是否适合在文本信息过滤中进行应用和改进还需要进一步的探索。

（4）中文文本信息过滤语料库的建设和完善。在文本信息过滤研究特别是中文文本信息过滤研究过程中，缺乏比较规范和通用的学习和测试语料，导致在中文信息过滤研究过程中缺乏比较和测试平台，这也是制约中文文本信息过滤发展的一个重要因素。

我们希望通过以上这些研究，为文本信息过滤以及信息检索领域的相关研究提供理论和应用方面有益的建议。

参考文献

[1]   http://www.cnnic.net.cn/hlwfzyj/hlwxzbg/hlwtjbg/201808/t20180820_70488.htm.

[2]   中国互联网违法和不良信息举报中心，http://net.china.com.cn/.

[3]   Belkin, N.J. and Croft, W.B.Information filtering and information retrieval: two sides of the same coin?[J]. Communications of the ACM, 1992, 35(12): 29-38.

[4]   Liddy, E.D., paik, W., and Yu, E.S.Text categorization for multiple users based on semantic features from a machine-readable dictionary[J]. ACM Transactions on Information Systems, 1994, 12(3): 278-295.

[5]   Douglas W.Oard, User Modeling for Information Filtering[EB/OL]. http://www. ee.umd.edu/medlab/filter/ papers/umir.html.

[6]   Douglas W.Oard, et al. A Conceptual Framework for text filtering[EB/OL]. http://www.clis.umd.edu/ dlrg/ filter/papers.ps.

[7]   Peterr J. Denning. Electronic junk[J]. Communications of the ACM, 1992, 25(3): 163-165.

[8]   Nanas N, Roeck A De, Uren V. Immune-Inspired Adaptive Information Filtering [C]. Proceedings of the 5th International Conference on Artificial Immune Systems, 2006:418-431.

[9]   Nanas N, Vavalis M. A "Bag" or a "Window" of Words for Information Filtering[C]. Proceedings of the 5th Hellenic conference on AI, 2008: 182-193.

[10] Yokoi T, Yanagimoto H, Omatu S. Information filtering using SVD and ICA[J]. Artificial Life and Robotics, 2006, 10(2): 116-119.

[11] Zhou X, Li Y, Bruza P, Xu Y, et al. Pattern taxonomy mining for information filtering [C]. Proceedings of the 21st Australasian Joint Conference on Artificial Intelligence, 2008: 416-422.

[12] Acilar A M, Arslan A. A collaborative filtering method based on artificial immune network[J]. Expert Systems with Applications, 2009, 36(4): 8324-8332.

[13] Chen G, Wang F, Zhang C. Collaborative filtering using orthogonal nonnegative matrix tri-factorization[J]. Information Processing & Management, 2009, 45(3):368-379.

[14] Damankesh A, Singh J, Jahedpari F, et al. Using Human Plausible Reasoning as a Framework for Multilingual Information Filtering[C]. Proceedings of the 9th Workshop of the Cross-Language Evaluation Forum, 2009:1-7.

[15] Liu F K, Lee H J. Use of social network information to enhance collaborative filtering performance[J]. Expert Systems with Applications, 2010, 37(7): 4772-4778.

[16] 曾春，邢春晓，周立柱. 基于内容过滤的个性化搜索算法[J]. 软件学报，2003，14（5）：999-1004.

[17] 洪宇，张宇，郑伟，等. 信息过滤中基于二元近似关系分布的噪声屏蔽算法[J]. 软件学报，2008，19（11）：2887-2898.

[18] Dridi Olfa and Ahmed Mohamed Ben.Building an ontology-based framework for semantic information retrieval: application to breast cancer[C]. 2008 3rd International Conference on Information and Communication Technolog is: from Theory to Applications, Damascus, Syria, April 2008.

[19] Wang Shuda and Yang Jing.Research on the information filtering of OWL text based on semantic analysis[C]. 2008 International Conference on Wireless Communications, Networking and Mobile Computing, Dalian, China, September 2008.

[20] Yokoi Takeru, Yanagimoto Hidekazu, and Omatu Sigeru.Information filtering using latent semantics[J]. Electrical Engineering in Japan, 2008, 165(2):53-59.

[21] 万里，廖建新，王纯. 基于社会网络信息流模型的协同过滤算法[J]. 吉林大学学报（工学版），2011，（1）：275-280.

[22] 罗辛，欧阳元新，熊璋，等. 通过相似度支持度优化基于 K 近邻的协同过滤算法[J]. 计算机学报，2010，（8）：125-133.

[23] Shao Q, Pan L, Liu S, et al. A collaborative filtering based approach to performance prediction for parallel applications[C]. International Conference on Computer Supported Cooperative Work in Design. IEEE, 2017.

[24] 李琼，陈利. 一种改进的支持向量机文本分类方法[J]. 计算机技术与发展，2015（5）：78-82.

[25] 刘志康. 一种改进的混合核函数支持向量机文本分类方法[J]. 工业控制计算机，2016，29（6）：113-114.

[26] 李兆翠，朱振方，卞颖. 基于改进 SVM 的网页过滤系统研究[J]. 软件导刊，2016，15（2）：159-161.

[27] Vairagade A S, Fadnavis R A. Automated content based short text classification for filtering undesired posts on Facebook[C]. Futuristic Trends in Research and Innovation for Social Welfare (Startup Conclave), World Conference on. IEEE, 2016: 1-5.

[28] Islam T, Bappy A R, Rahman T, et al. Filtering political sentiment in social media from textual information[C]. Informatics, Electronics and Vision (ICIEV), 2016 5th International Conference on. IEEE, 2016: 663-666.

[29] Yang W, Fang Z, Hui L. Study of an Improved Text Filter Algorithm Based on Trie Tree[C]. International Symposium on Computer, Consumer and Control. IEEE, 2016:594-597.

[30] 翟军昌，秦玉平，车伟伟. 垃圾邮件过滤中信息增益的改进研究[J]. 计算机科学，2014，41（6）：214-216.

[31] Ghauth K I, Sukhur M S. Text Censoring System for Filtering Malicious Content Using Approximate String Matching and Bayesian Filtering[M]. Computational Intelligence in Information Systems. Springer International Publishing, 2015:149-158.

[32] 杨雷，曹翠玲，孙建国，等. 改进的朴素贝叶斯算法在垃圾邮件过滤中的研究[J]. 通信学报，2017，38（4）：140-148.

[33] Liu S, Forss T. Text Classification Models for Web Content Filtering and Online Safety[C]. 2015 IEEE International Conference on Data Mining Workshop (ICDMW). IEEE, 2015: 961-968.

[34] Zainuddin N, Selamat A. Sentiment analysis using Support Vector Machine[C]. International Conference on Computer, Communications, and Control Technology, 2014: 333-337.

[35] da Rocha R S C, Forero L, de Mello H, et al. Polarity classification on web-based reviews using Support Vector Machine[C]. 2016 IEEE Latin American Conference on Computational Intelligence (LA-CCI). IEEE, 2016: 1-6.

[36] Khurshid S, Khan S, Bashir S. Text-Based Intelligent Content Filtering on Social Platforms[C]. International Conference on Frontiers of Information Technology. IEEE, 2014:232-237.

[37] Mathew N V, Bai V R. Analyzing the Effectiveness of N-gram Technique Based Feature Set in a Naive Bayesian Spam Filter[C]. International Conference on Emerging Technological Trends (ICETT). IEEE, 2016: 1-5.

[38] 朱雁辉. Windows 防火墙与网络封包截获技术[M]. 北京：电子工业出版社，2002.

[39] 王圆. 文本内容过滤的关键技术研究[D]. 吉林：东北师范大学，2006.

[40] http://www.nlp.org.cn/project/project.php?proj_id=6. 中国科学院计算技术研究所汉语词法分析系统 ICTCLAS.

[41] 邓琦，苏一丹，曹波，等. 中文文本体裁分类中特征选择的研究[J]. 计算机工程，2008，34（23）：89-91.

[42] G. Salton, A. Wong, C. S. Yang.A vector space model for automatic indexing[J]. Communications of the ACM, 1975, 18(11): 613-620.

[43] 尚文倩. 文本分类及其相关技术研究[D]. 北京：北京交通大学，2007.

[44] 吴青. 基于优化理论的支持向量机学习算法研究[D]. 西安:西安电子科技大学，2009.

[45] Yang Yi-ming. A comparative study on feature selection in text categorization [C/OL]. Proceedings of the Fourteenth International Conference on Machine Learning, 1997: 412-420. http://www.cs.cmu.edu/~yiming/papers.yy/icml97.ps.gz.

[46] 徐凤亚，罗振声. 文本自动分类中特征权重算法的改进研究[J]. 计算机工程与应用，2005，41（1）：181-183.

[47] Douglas L Baker, and Andrew Kachites McCallum. Distributional clustering of words for text classification[C]. Proceedings of the 21st ACM International Conference on Research and Development in Information Retrieval (SIGIR-98).

Melbourne, Australia, 1998:96-103.

[48] Abney Steven. Parsing by Chunks. In: Robert Berwick, Steven Abney and Carol Tenny (eds.), Principle-Based Parsing, Kluwer Academic Publishers, 1991: 257-278.

[49] 宇航, 周强. 汉语基本块标注系统的内部关系分析[J]. 清华大学学报, 2009, 49（10）：1708-1711.

[50] 刘远超, 王晓龙, 徐志明, 等. 基于粗集理论的中文关键词短语构成规则挖掘[J]. 电子学报, 2007, 35（2）：371-374.

[51] 胡玥, 高小宇, 李莉, 等. 自然语言合理句子的生成系统[J]. 计算机学报, 2010, 33（3）：535-543.

[52] 周雅倩, 郭以昆, 黄萱菁, 等. 基于最大熵方法中的中英文基本名词短语识别[J]. 计算机研究与发展, 2003, 40（3）：440-446.

[53] 杨玉珍, 刘培玉, 朱振方, 等. 应用特征分布信息的信息增益改进方法研究[J]. 山东大学学报（理学版）, 2009, 44（11）：48-51.

[54] 朱振方, 刘培玉, 王金龙. 一种基于语义特征的逻辑段落划分方法及应用[J]. 计算机科学, 2009, 36（12）：227-230.

[55] 秦兵, 刘挺, 陈尚林, 等. 多文档文摘中句子选择方法研究[J]. 计算机研究与发展, 2006, 43（6）：1129-1134.

[56] Johnson. R. E.. Recall of Prose as a Function of Structural Importance of Linguistic Units. Journal of Verbal Learning and Verbal Behavior, 1970, 9: 12-20.

[57] Yang Yi-ming. A comparative study on feature selection in text categorization. Proceedings of the Fourteenth International Conference on Machine Learning, 1997: 412-420.

[58] Bong CH, Narayanan K. An empirical study of feature selection for text categorization based on term weightage[C]. Proc. of 2004 IEEE/WIC/ACM International Conference on Web Intelligence. Beijing: IEEE Computer Society Press, 2004: 599-602.

[59] Li SS, Zong CQ. A new approach to feature selection for text categorization[C]. Proc. of 2005 IEEE International Conference on Natural Language Processing

and Knowledge Engineering. Wuhan: IEEE Press, 2005: 626-630.

[60] 徐燕，李锦涛，王斌，等. 文本分类中特征选择的约束研究[J]. 计算机研究与发展，2008（04）：596-602.

[61] 任双桥，傅耀文，黎湘，等. 基于分类间隔的特征选择方法[J]. 软件学报，2008，19（4）：842-850.

[62] 崔自峰，徐宝文，张卫丰，等. 一种近似 Markov Blanket 最优特征选择算法[J]. 计算机学报，2007，30（12）：2074-2081.

[63] 姚天顺，朱靖波，杨莹. 自然语言理解[M]. 北京：清华大学出版社，2002.

[64] G. Salton, A. Wong, C. S. Yang.A vector space model for automatic indexing[J]. Communications of the ACM CACM Homepage archive, 1975, 18(11):613-620.

[65] G. Salton.Automatic text processing: The transformation, analysis, and retrieval of information by computer[M]. Addison-Wesley, Reading, MA (1989).

[66] S. Deerwester, S. Dumais, G. Furnas, T. Landauer, and R. Harshman.Indexing by latent semantic analysis. Journal of the American[J]. Society for Information Science, 1990, 41(6):391-407.

[67] SEBASTIANI F. Machine learning in automated text categorization [J]. ACM Computing Surveys, 2002, 34 (1):11-12, 32-33.

[68] Saharni M..Using Machine Learning to Improve Information Access[Ph.D Thesis].Stanford University, Computer Science Department, STAN-CS-TR-98-1615, l998.

[69] F. Pereira, T. Mitchell, M. Botvinick.Machine learning classifiers and fMRI: A tutorial overview[J]. Neuroimage, 2009, 45 (Suppl. 1): 199-209.

[70] 周水庚，关佶红，俞红奇，等. 基于 N-grma 信息的中文文档分类研究[J]. 中文信息学报，2000，15（1）：34-39.

[71] Rocchio, J.J. Relevance feedback in information retrieval. In The Smart Retrieval System - Experiments in automatic Document Processing[J]. Englewood Cliffs: Prentice-Hall, 1971: 313-323.

[72] Peterr J. Denning. Electronic junk[J]. Communications of the ACM, 1992，25(3): 163-165.

[73] Nanas N, Roeck A De, Uren V. Immune-Inspired Adaptive Information Filtering

[C]. Proceedings of the 5th International Conference on Artificial Immune Systems, 2006:418-431.

[74] Yokoi T, Yanagimoto H, Omatu S. Information filtering using SVD and ICA[J]. Artificial Life and Robotics, 2006, 10(2):116-119.

[75] Nanas N, Vavalis M A "Bag" or a "Window" of Words for Information Filtering[C]. Proceedings of the 5th Hellenic conference on AI, 2008: 182-193.

[76] Zhou X, Li Y, Bruza P, Xu Y, et al. Pattern taxonomy mining for information filtering [C]. Proceedings of the 21st Australasian Joint Conference on Artificial Intelligence, 2008: 416-422.

[77] Acilar A M, Arslan A. A collaborative filtering method based on artificial immune network[J]. Expert Systems with Applications, 2009, 36(4): 8324-8332.

[78] Chen G, Wang F, Zhang C. Collaborative filtering using orthogonal nonnegative matrix tri-factorization[J]. Information Processing & Management, 2009, 45(3):368-379.

[79] Damankesh A, Singh J, Jahedpari F, et al. Using Human Plausible Reasoning as a Framework for Multilingual Information Filtering[C]. Proceedings of the 9th Workshop of the Cross-Language Evaluation Forum, 2009:1-7.

[80] 曾建潮，介婧，崔志华. 微粒群算法[M]. 北京：科学出版社，2004.

[81] 李丽，牛奔. 粒子群优化算法[M]. 北京：冶金工业出版社，2009.

[82] SHI Y, EBERHART R C. Empirical study of particle swarm optimization [C]. Proceedings of the IEEE Congress on Evolutionary Computation, IEEE Press, 1999:1945-1950.

[83] 陈贵敏，贾建援，韩琪. 粒子群优化算法的惯性权值递减策略研究[J]. 西安交通大学学报，2006，40（1）：53-56.

[84] CHEN D, WANG G F, CHEN Z Y. The inertia weight self-adapting in PSO[C]. Proceedings of the 7th World Congress on Intelligent Control and Automation. Chongqing:[s.n.], 2008: 5313-5316.

[85] 罗强，李瑞浴，易东云. 基于模糊文化算法的自适应粒子群优化[J]. 计算机工程与科学，2008，30（1）：88-92.

[86] CHEN G M, HUANG X B, JIA J Y, et al. Natural exponential inertia weight

strategy in particle swarm optimization[C]. Proceedings of the 6th World Congress on Intelligent Control and Automation. Dalian:[s.n.], 2006: 3672-3675.

[87] 李丽丽, 刘希玉, 庄波. 基于模拟退火粒子群算法的 FCM 聚类方法[J]. 计算机工程与应用, 2008, 44（30）: 170-172.

[88] 孙逊, 章卫国, 尹伟, 等. 基于免疫粒子群算法的飞行控制器参数寻优[J]. 系统仿真学报, 2007, 19（12）: 2765-2767.

[89] 李兵, 蒋慰孙. 混沌优化方法及其应用[J]. 控制理论与应用, 1997, 14（4）: 613-615.

[90] 朱海梅, 吴永萍. 一种高速收敛粒子群优化算法[J]. 控制与决策, 2010, 25（1）: 20-24, 30.

[91] 桂传志. 混沌序列在优化理论中的应用[D]. 南京: 南京理工大学, 2006.

[92] 吕振肃, 侯志荣. 自适应变异的粒子群优化算法[J]. 电子学报, 2004, 32（3）: 416-420.

[93] 胡旺, 李志蜀. 一种更简化而高效的粒子群优化算法[J]. 软件学报, 2007, 18（4）: 861-868.

[94] 倪霖, 郑洪英. 基于免疫粒子群算法的特征选择[J]. 计算机应用, 2007, 27（12）: 2922-2924.

[95] 朱颢东, 钟勇. 基于并行二进制免疫量子粒子群优化的特征选择方法[J]. 控制与决策, 2010, 25（1）: 53-58.

[96] 乔立岩, 彭喜元, 彭宇. 基于微粒群算法和支持向量机的特征子集选择方法[J]. 电子学报, 2006, 34（3）: 496-498.

[97] 计智伟, 吴耿锋, 胡珉. 基于混沌离散粒子群优化的约束性多分类模型[J]. 计算机工程, 2009, 35（23）: 190-193.

[98] X. Wang, J. Yang, X. Teng, W. Xia, J. Richard. Feature selection based on rough sets and particle swarm optimization[J]. Pattern Recognition Letters, 2007, 28(4):459-471.

[99] 沈林成, 霍霄华, 牛轶峰. 离散粒子群优化算法研究现状综述[J]. 系统工程与电子技术, 2008, 30（10）: 1986-1990.

[100] ZHU Zhen-fang, LIU Pei-yu, ZHAO Li-na, et al. Research of Feature Weights

Adjustment Based on Semantic Paragraphs Matching[J]. ICIC Express Letters, 2010, 4(2):559-564.

[101] 朱振方，刘培玉，李少辉，等. 基于遗传算法的文本过滤模型及收敛性分析[J].中文信息学报，2011，25（5）：83-88.

[102] 李荣陆，http://www.uainaiang.com/data/11068

[103] 王冬. 基于粒子群算法的 Web 文本信息过滤研究[D]. 北京：华北电力大学，2009.

[104] 戴文华. 基于遗传算法的文本分类及聚类研究[M]. 北京：科学出版社，2008.

[105] John H. Holland. Adaptation in Natural and Artificial Systems:An Introductory Analysis with Applications to Biology, Control, and Artificial Intelligence[M]. The MIT Press ,1992.

[106] Goldberg D E. Genetic Algorithms is Search, Optimization,Machine Learning[M]. Reading MA: Addison Wesley, 1989: 29-48.

[107] BURNS&DANYLUK.Feature Selection vs Theory Reformulation: A Study of Genetic Refinement of Knowledge-based Neural Networks[J]. Machine Learning, 2000, 38: 89-107.

[108] PAN Li,ZHENG Hong,ZHANG Zuxun,et al. Genetic Feature Selection for Texture Classification[J]. Geo-spatial Information Science. 2004,7(3):163-173.

[109] LIU Peiyu, ZHU Zhenfang , XU Liancheng, CHI Xuezhi. Optimization of a subset of features based on fuzzy genetic algorithm[C]. Proceedings 2009 IEEE International Symposium on IT in Medicine & Education,2009,2 (2):933-937.

[110] Lv Zhilong.Research of adaptive text filtering based on genetic algorithm[D]. Harbin:Harbin Engineering University,2007. (in Chinese).

[111] ZHU Zhen-fang,LIU Pei-yu,ZHAO Li-na,et al.Research of feature weights adjustment based on Semantic paragraphs matching[J]. ICIC Express Letters ,2010,4(2): 559-564.

[112] 郭东伟,刘大有,周春光,等. 遗传算法收敛性的动力学分析及其应用[J]. 计算机研究与发展，2002，39（2）：225-230.

[113] Holland J H.Adaptation in natural and artificial system: An introductory analysis with application to biology, control, and artificial intelligence[M]. 2nd edition,

Cambridge, MA:MIT Press, 1992: 96-127.

[114] Christopher T. H. Baker,Evelyn Buckwar. Numerical Analysis of Explicit One-Step Methods for Stochastic Delay Differential Equations[J]. LMS Journal of Computation and Mathematics, 2000, 3:315-335.

[115] 王丽薇，洪勇，洪家荣. 遗传算法的收敛性研究[J]. 计算机学报，1996，19（10）：794-797.

[116] 谭松波. http://www.datatang.com/data/11970.

[117] Wu HaoYang,Zhu Chang-chun,Chang Bing-guo,etal.Adaptive genetic algorithm to Improve group premature convergence[J]. Journal of Xi'an Jiao tong University, 1999, 33(11): 27-31.

[118] De Jong K. A .An Analysis of the Behavior of a Class of Genetic Adaptive Systems[J]. Ph.D Dissertation, University of Michigan, 1975.

[119] Jaroslaw Arabas,Zbigniew Michalewicz and Jan Mulawka. GAVAPS-a Genetic Algorithm with Varying Population Size [J] In:Proc.of the First IEEE Conf.on Evolutionary Computation, 1994: 73-78.

[120] 苏金树，张博峰，徐昕.基于机器学习的文本分类技术研究进展[J]. 软件学报，2006.17（9）：1848-1859.

[121] 程妮，崔建海，王军. 国外信息分类系统的研究综述[J]. 现代图书情报技术，2005（6）：30-38.

[122] 田范江，李丛蓉，王鼎兴. 进化式信息分类方法研究[J]. 软件学报，2000，11（3）：328-333.

[123] 庞剑锋，卜东波，白硕. 基于向量空间模型的文本自动分类系统的研究与实现[J]. 计算机应用研究，2001（9）：23-29.

[124] 张俐，王宝库，姚天顺. 从英文 WordNet 到中文 WordNet.中文信息处理国际会议论文集[C]. 北京：清华大学出版社，1998：355-360.

[125] 于江生，俞士汶. 中文概念词典的结构[J]. 中文信息学报，Vol.16. No.4.

[126] 阎蓉，张蕾. 一种新的汉语词义消歧方法[J]. 计算机技术与发展，2006，16（3）：22-25.

[127] 郑文贞. 段落的组织[M]. 福州：福建人民出版社，1984.

[128] Stephan B, Andreas H. Boosting for text classification with semantic features. In

Proceedings of the MSW 2004 Workshop at the 10th ACM SIGKDD Conference on Knowledge Discovery and Data Mining,Seattle,WA,USA,2004.

[129] 林鸿飞，战学刚，姚天顺. 基于概念的文本结构分析方法[J]. 计算机研究与发展，2000:37（3）：324-328.

[130] 黄萱菁，夏迎炬，吴立德. 基于向量空间模型的文本过滤系统[J]. 软件学报，2003，14（3）：435-442.

[131] James Allan Incremental Relevance Feedback for Information Filtering[EB/OL]. http://citeseer.nj.nec.com/allan96incremental.html.

[132] Bin Wang, Hongbo xu, Zhifeng Yang et al.TREC-10 Experiments at CAS-ICT: Filtering, Web and QA[EB/OL]. http://trec.nist.gov/pubs/trec10/papers/CASICT.pdf.

[133] Kjersti Aas. A Survey on Personalized Information Filtering System for the World Wide Web[R]. Norwegian Computing Center, Report No.922,1997.

[134] J. Kennedy, R.C. Eberhart, Particle swarm optimization, in: Proceedings of IEEE International Conference on Neural Networks, Piscataway, NJ, 1995: 1942-1948.

[135] R.C. Eberhart, J. Kennedy, A new optimizer using particle swarm theory[C]. Proceedings of the Sixth International Symposium on Micromachine and Human Science, Nagoya, Japan, 1995: 39-43.

[136] P.J. Angeline, Using selection to improve particle swarm optimization[C]. Proceedings in IEEE Congress on Evolutionary Computation (CEC), Anchorage, 1998: 84-89.

[137] M. Clerc, J. Kennedy The particle swarm-explosion, stability, and convergence in a multidimensional complex space[J]. IEEE Trans. Evol. Comput., 2002, 6 (1): 58-73.

[138] X. Shi, Y. Lu, C. Zhou, H. Lee, W. Lin, Y. Liang, Hybrid evolutionary algorithms based on PSO and GA[C]. Proceedings of IEEE Congress on Evolutionary Computation 2003, Canberra, Australia, 2003: 2393-2399.

[139] Trelea, Ioan Cristian The particle swarm optimization algorithm: convergence analysis and parameter selection[J]. Inform. Process. Lett., 2003, 85 (6): 317-325.

[140] K.E. Parsopoulos, M.N. Vrahatis .Parameter selection and adaptation in Unified Particle Swarm Optimization[J]. Math. Comput. Model., 2007, 46: 198-213.

[141] Y. Shi, R.C. Eberhart, Fuzzy adaptive particle swarm optimization[C]. Proceedings of the Congress on Evolutionary Computation, Seoul, Korea, 2001: 101-106.

[142] Ratnaweera, S.K. Halgamuge, H.C. Watson .Self-organizing hierarchical particle swarm optimizer with time-varying acceleration coefficients[J]. IEEE Trans. Evol. Comput., 2004, 8 (3): 240-255.

[143] X. Yang, J. Yuan, J. Yuan, H. Mao .A modified particle swarm optimizer with dynamic adaptation[J]. Appl. Math. Comput., 2007, 189 (2): 1205-1213.

[144] K.E. Parsopoulos, M.N. Vrahatis .Parameter selection and adaptation in unified particle swarm optimization[J]. Math. Comput. Model., 2007, 46 (1): 198-213.

[145] Qie He, Ling Wang .An effective co-evolutionary particle swarm optimization for constrained engineering design problems[J]. Eng. Appl. Artif. Intell., 2007, 20 (1): 89-99.

[146] Chen DeBao, Zhao ChunXia .Particle swarm optimization with adaptive population size and its application[J]. Appl. Soft. Comput., 2009, 9 (1): 39-48.

[147] Y. Wang, B. Li, T. Weise, J. Wang, B. Yuan, Q. Tian .Self-adaptive learning based particle swarm optimization[J]. Inform Sci., 2011, 181 (20): 4515-4538.

[148] X.H. Shi, Y.C. Liang, H.P. Lee, C. Lu, L.M. Wang .An improved GA and a novel PSO-GA-based hybrid algorithm[J]. Inform. Process. Lett., 2005, 93 (5): 255-261.

[149] F. van den Bergh, A.P. Engelbrecht .A cooperative approach to particle swarm optimization[J]. IEEE Trans. Evolut. Comput., 2004, 8 (3): 225-239.

[150] J. Stefan, M. Martin .A hierarchical particle swarm optimizer and its adaptive variant IEEE Trans[J]. Syst. Man Cybern., 2005, 35 (6): 1272-1282.

[151] Y. Jiang, T. Hu, C.C. Huang, X. Wu .An improved particle swarm optimization algorithm[J]. Appl. Math. Comput., 2007, 193 (1): 231-239.

[152] Wei Gao, Hai Zhao, Jiuqiang Xu, et al., A dynamic mutation PSO algorithm and its application in the neural networks[C]: Proceedings of IEEE on First

international conference on intelligence networks and intelligent systems, 2008: 103-106.

[153] Qi Kang, Lei Wang, Qi-di Wu .A novel ecological particle swarm optimization algorithm and its population dynamics analysis[J]. Appl. Math. Comput., 2008, 205 (1): 61-72.

[154] X.H. Wang, J.J. Li, Hybrid particle swarm optimization with simulated annealing[C]. Proceedings of the Third International Conference on Machine Learning and Cybernetics, Shanghai, 2004: 2402-2405.

[155] Esmin, G. Lambert-Torres, A.C. Zambroni. A hybrid particle swarm optimization applied to loss power minimization[J]. IEEE Trans. Power Syst., 2005, 20 (2): 859-866.

[156] R.C. Eberhart, Y. Shi, Particle swarm optimization: developments, applications and resources[C]. Proceedings of the IEEE Congress on Evolutionary Computation, Seoul, Korea, 2001: 81-86.

[157] R. Poli, J. Kennedy, T. Blackwell Particle swarm optimization[J]. Swarm Intell., 2007, 1: 33-57

[158] Y. Shi, R.C. Eberhart, A modified particle swarm optimizer[C]. Proceedings of the IEEE Congress on Evolutionary Computation, Piscataway, NJ, 1998: 69-73.

[159] P.K. Tripathi, S. Bandyopadhyay, S.K. Pal. Multi-objective particle swarm optimization with time variant inertia and acceleration coefficients[J]. Inform Sci., 2007, 177 (22): 5033-5049.

[160] Belkin, N.J.and Croft, W.B. Information filtering and information retrieval: two sides of the same coin? [J]. Communications of the ACM, 1992, 35(12): 29-38.

[161] Liddy, E.D., Paik,W. and yu, E.S.1994. Text categorization for multiple users based on semantic features from a machine-readable dictiony[J]. ACM Transactions on Information Systems, 1994, 12(3): 278-295.

[162] 林鸿飞，李业丽，姚天顺. 中文文本过滤的信息分流机制[J]. 计算机研究与发展，2000，37（4）：470-476.

[163] Marko Balabanovie, Yoav Shoham. Fab:Content-based, collaborative recommendation[J]. Communications of the ACM,1997, 10 (3):66-72.

[164] Queen Esther Booker, Minnesota State University, Mankato, USA. Automating "Word Of Mouth" To Recommend Classes To Students:An Application Of Social Information Filtering Algorithms[J]. Journal of College Teaching & Learning, 2009, 6(3): 39-44.

[165] Bin Wang, Hongbo xu, Zhifeng Yang et al.TREC-10 Experiments at CAS-ICT: Filtering, Web and QA[EB/OL]. http://trec.nist.gov/pubs/trec10/papers/CASICT.pdf.

[166] Kjersti Aas. A Survey on Personalized Information Filtering System for the World Wide Web[R]. Norwegian Computing Center, Report No.922, 1997.

[167] J. Kennedy, R.C. Eberhart, Particle swarm optimization[C]. Proceedings of IEEE International Conference on Neural Networks, Piscataway, NJ, 1995: 1942-1948.

[168] R.C. Eberhart, J. Kennedy, A new optimizer using particle swarm theory[C]. Proceedings of the Sixth International Symposium on Micromachine and Human Science, Nagoya, Japan, 1995: 39-43.

[169] P.J. Angeline, Using selection to improve particle swarm optimization[C]. Proceedings in IEEE Congress on Evolutionary Computation (CEC), Anchorage, 1998: 84-89.

[170] M. Clerc, J. Kennedy The particle swarm-explosion, stability, and convergence in a multidimensional complex space[J]. IEEE Trans. Evol. Comput., 2002, 6: 58-73.

[171] Liu F K, Lee H J. Use of social network information to enhance collaborative filtering performance[J]. Expert Systems with Applications, 2010, 37(7): 4772-4778.

[172] Rocchio J. J. Relevance Feedback in Inform ation Retrieva1[J]. In Salton G.(Ed.), The SMART Retrieval System. 1971. Engle-wood CIifs, N. J. : Prentice-Hall, Inc.3l3-323.

[173] 张立伟. 网络信息过滤中反馈机制的研究及应用[D]. 济南：山东师范大学, 2010.

[174] 陈杏环. 遗传算法和相关反馈在查询优化中的应用[D]. 重庆：重庆大学, 2006.

[175] 贾兆红，陈华平. 基于改进遗传算法的权重发现技术[J]. 计算机工程，2007，33（5）：156-158.

[176] 胡娟丽，姚勇，刘志镜. 基于典型反馈的个性化文本信息过滤[J]. 计算机应用，2007，10（27）：2607-2610.

[177] 饶凤翔，郭东军，李世磊等. 基于信息反馈的文本主题分类过滤方法[J]. 通信学报，2009，3（10）：139-144.